森林環境譲与税
市町村の活用戦略

全国林業改良普及協会 編

林業改良普及双書 No.196

まえがき

森林経営管理制度の導入に合わせて、令和元年度から譲与が開始された森林環境譲与税（以下、譲与税）。その使途として、市町村では、森林整備に関する施策、人材の育成及び担い手の確保、木材の利用促進等、森林整備の促進に関する施策に必要とする経費に充てることになっており、インターネット等で使途を公表することも義務づけられています。

財政状況が厳しい市町村が多い中で、この譲与税を地域活性化のチャンスとして有効に活用できるか否かは、市町村の意識次第とも言えます。市町村の数だけ解決すべき課題があり、その対策も異なります。また、譲与税をきっかけに、全国の市町村が地域の森林整備に目を向け、具体的な行動に着手する契機になることも期待できます。

現在、譲与税活用については、どこも手探り状態で進められており、その全体の動向を把握した情報が少ないのが実情です。

そこで本書では、解説編として、林野庁森林利用課森林集積推進室の大石貴久さんに、これまで知り得た全国の地方自治体の譲与税活用の状況と、取り組みの傾向について紹介していただきました。

また、事例編1では「森林整備」に関する3事例、事例編2では「人材育成・担い手の確保」に関連した3事例、事例編3では「木材利用・自治体間連携・普及啓発」に関連した3事例をそれぞれ紹介しました。

本書の取りまとめにあたりましては、林野庁をはじめ、関係市町村、都道府県林業普及指導事業主管課、及び全国の林業普及指導員の皆様に御世話になりました。ここに御礼を申し上げます。

２０２１年1月　全国林業改良普及協会

目次

解説編

森林環境譲与税を活用した取り組みの動向を探る　15

林野庁森林利用課森林集積推進室　大石 貴久

静岡県

林業が盛んでない市町もサポート

森林組合連合会のサポートによる意向調査等の実施　84

静岡県森林組合連合会環境税推進室室長　長岡　正人

事例編2　人材育成・担い手の確保

宮崎県日南市
飫肥杉400年の歴史を後世に伝えるために
飫肥杉を守り育てる担い手対策　114
宮崎県日南市産業経済部水産林政課課長補佐兼林政係長　渡辺 伸也

福岡県
個人事業主の組織化や異業種からの新規参入を支援
意欲と能力のある林業経営者の確保・育成に向けて　131
福岡県農林水産部林業振興課林業経営係主任技師　小野澤 郁佳

事例編3　木材利用・自治体間連携・普及啓発

森林環境譲与税を活用した地域材活用による地域振興　171

木材利用・普及啓発―オクシズ材で商業施設を木質化

静岡県静岡市

静岡県静岡市中山間地振興課森林・林業係主任主事　香西　晟

解説編

森林環境譲与税を活用した取り組みの動向を探る

林野庁森林利用課森林集積推進室
大石　貴久

1　はじめに

２０１９（平成31）年３月に「森林環境税及び森林環境譲与税に関する法律」（以下「法律」という）が成立・公布され、同年４月から森林環境譲与税に係る部分が施行されました。法律に基づき同（令和元）年９月30日に、第１回目の森林環境譲与税の譲与がなされ、その後、半年ごとに譲与が行われています。

各地方自治体においては、この森林環境譲与税を活用し、森林所有者への意向調査やこれを踏まえた間伐の実施等の森林整備の取り組みのほか、人材の育成や木材利用、普及啓発などの森林整備を促進するための取り組みが展開されているところです。

本稿では、森林環境譲与税を活用して動き始めた各地の取り組みを施策別に分け、具体的な活用事例を交えて紹介します。これにより、読者諸氏の森林環境譲与税に関する理解の一助となれば幸いです。また、同じような課題を抱える地域での検討の参考としていただき、各地方自治体の取り組みが一層推進することを期待しています。

なお、本稿のうち、意見にかかる部分については、筆者の個人的見解であり、所属機関の見解を示すものではないことを予め断らせていただきます。

2　全国の森林環境譲与税活用の動向について

森林環境譲与税活用の概略

①市町村における活用

２０１９（令和元）年度の森林環境譲与税の取り組み状況について、全市町村に聞き取りを行ったところ、森林経営管理法（＊）に基づく森林所有者への意向調査などの森林整備に向けた準備作業を含め、全市町村の５割が森林整備関係事業に取り組んでいます。なお、私有林人工林が１０００ha以上の９８１市町村（全私有林人工林の97％を占める）に限ると、７割の市町村において森林整備関係事業に取り組んでいます。

詳細は後述しますが、取り組み内容としては、森林経営管理法に基づく森林所有者への意向調査やその準備作業に取り組んだ市町村が多い状況ですが、埼玉県秩父市や兵庫県養父（やぶ）市のように森林所有者から申出をしてもらう仕組みを活用し、間伐まで実施している例もあります。このほか、和歌山県広川町では、間伐を実施するために必要となる路網の修繕に森林環境譲与税を充てるなど、森林の手入れ不足の解消に向けた取り組みが各地で進んでいます。

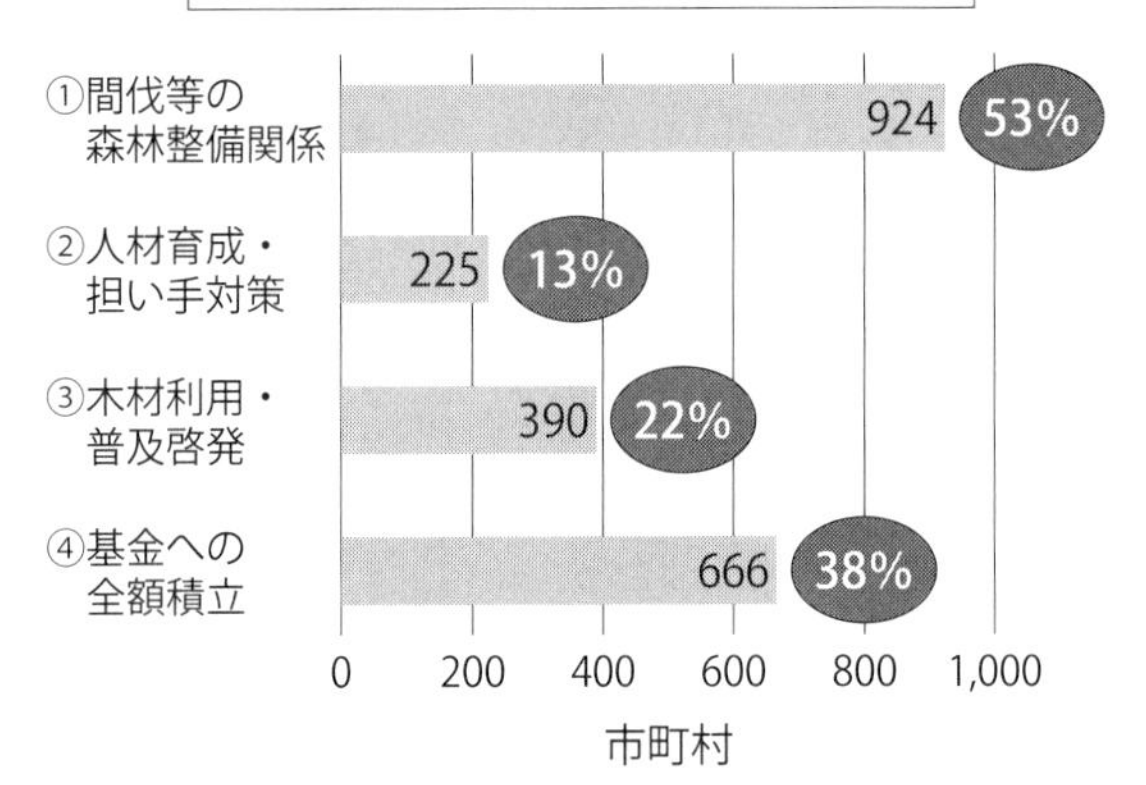

図１　市町村による森林環境譲与税の使途の状況（令和元年度）

　また、手入れ不足の人工林に広葉樹を導入し、針広混交林化をモデル的に進める取り組みや里山での放置竹林解消に向け、竹林を伐採し広葉樹等への樹種転換を図る取り組みが行われるなど、まさに地域の実情に応じた取り組みが広がっています。

　全国では、森林環境譲与税を活用し約12・5万haの意向調査や、３６００haの間伐が実施されたほか、約８万９０００ｍの森林作業道及び約１０００ｍの林道・林業専用道が整備（開設）されたところです。

　今後の森林整備量の増大に不可欠となる人材育成や担い手の確保については、全市町村の１割が取り組んでいます。

　例えば、熊本県では、阿蘇７市町村が連

携して担い手の確保や育成に向けた技能研修等に取り組んでいるほか、宮崎県日南市では、閑散期に入った他圏域の労働者を派遣してもらうよう、その旅費を支援するなど、労働力確保に取り組んでいます（事例編2の114頁でも紹介していますので、参照ください）。

このような人材育成や担い手の確保の取り組みに、全国で約6500名が参加しました。

普及啓発や木材利用については、全市町村の2割が取り組んでおり、中でも、都市部と山村部の自治体間連携による取り組みが各地で活発化してきています。例えば東京都豊島区は、埼玉県秩父市と森林整備協定を締結し、森林環境譲与税も活用して秩父市有林を「としまの森」として整備し、都市部では体験できない林業体験をはじめとした自然体験を区民に提供し、森林環境教育の現場としても活用しています。

また、東京都昭島市では、森林環境譲与税を活用し、友好都市協定を締結している岩手県岩泉町産の間伐材等を活用した書架やベンチ等を図書館に設置し、市民に対する木材利用や森林整備への普及啓発も行っています。

都市部と山村部の連携事例のように、都市部における木材利用や山村部を舞台にした森林環境教育等の取り組みが、山村部の森林整備につながると同時に、都市部を含めた国民（納税者）の森林への理解を深め、都市部と山村部との間の経済の好循環を生み出していくことが期待さ

項目			主な取組
間伐等の森林整備関係（924市町村）			
	主な取組	意向調査、意向調査の準備等（701市町村）	意向調査実施面積：約12.5万ha
	主な取組	間伐等の森林整備（359市町村）	森林整備面積：約5.9千ha （うち間伐面積：約3.6千ha） 森林作業道の整備：約89千m 林道・林業専用道の整備：約１千m
人材の育成・担い手の確保関係（225市町村）			研修等の参加者数：約6.5千人
木材利用・普及啓発（390市町村）			
	主な取組	公共建築物等の木造化・木質化（189市町村）	木材利用量：約5.4千m^3
	主な取組	森林・林業・木材普及活動等（240市町村）	イベント、講習会等：約900回 参加者等：約88千人

※市町村においては、複数の取り組みを実施しているため項目ごとの計は一致しない。また、本実績値には、森林環境譲与税と他の財源を組み合わせて行った事業の実施分も含まれている。市町村によって取り組みの内容は様々であり、「主な取組」欄の数値は、参考値として集計したものである。

図２　市町村における令和元年度の取り組み

れます。

このような公共建築物等の木造化・木質化等により、全国で約５４００㎥の木材の利用に取り組まれ、普及啓発イベントや講習会等に約８万８０００名が参加したところです。

このほか、全市町村の４割は初年度の譲与額を全額基金に積み立てていますが、私有林人工林面積の小さい市町村ほどその傾向が強い状況でした。積み立ての理由としては、譲与額が少なく、複数年度分の譲与税をまとめて執行する予定であることや、今後、実施する事業について、地域での議論や調査を行っている段階であることなど、地域により様々な事情があるところです。

このことについて林野庁では、日常的に都道府県を通じて相談対応を行っているほか、後に紹介していく事例等を周知していくことで効果的な事業が生まれるよう取り組んでいるところです。

＊「森林経営管理法」は、２０１８（平成30）年５月に成立し、２０１９（平成31）年４月から施行された。同法により、森林の適切な経営管理について森林所有者の責務を明確化するとともに、経営管理が行われていない森林について、その経営管理を林業経営者や市町村に委ねる「森林経営管理制度」が措置された。森林の経営管理は、これまで森林所有者が自ら実施し、または森林所有者が民間事業者等に経営委託して実施されてきたが、同制度は、経営管理が行われていない森林について、市町村が主体となって経営管理を図るといった、新たな仕組みとなっている。

市町村は、経営や管理が行われていない森林を対象に森林所有者の意向を確認し（経営管理意向調査）、森林所有者から経営や管理の委託の希望等があった森林について当該市町村に経営や管理を集積し経営や管理を行う必要がある場合には、経営管理権集積計画を定め、森林所有者から経営や管理について委託を受ける（経営管理権の設定）。その上で、市町村は、経営管理権を取得した森林について、林業経営に適した森林は、経営管理実施権配分計画を定め、森林の経営や管理を林業経営者に再委託する（経営管理実施権の設定）、また、林業経営に適さない森林等は、市町村自ら経営や管理（市町村森林経営管理事業）を行う。

森林環境譲与税も活用しつつ、本制度を進めることで、これまで手入れが行き届かなかった森林の整備等が進展することが期待されている。

②都道府県における活用

都道府県における森林環境譲与税の活用状況についても、その概要について紹介します。

２０１９（令和元）年度からスタートした森林経営管理制度の運用や森林環境譲与税の活用の主体となる市町村においては、林務専門の部署や職員がいない・少ないなど、体制が十分ではない市町村もあります。このため、都道府県による市町村支援が必要とのことから、都道府県にも森林環境譲与税が譲与されているところです。

都道府県の使途の状況としては、全都道府県で、市町村支援に取り組んでいるほか、県レベルで林業の担い手育成や木材利用に取り組むところも多い状況です。

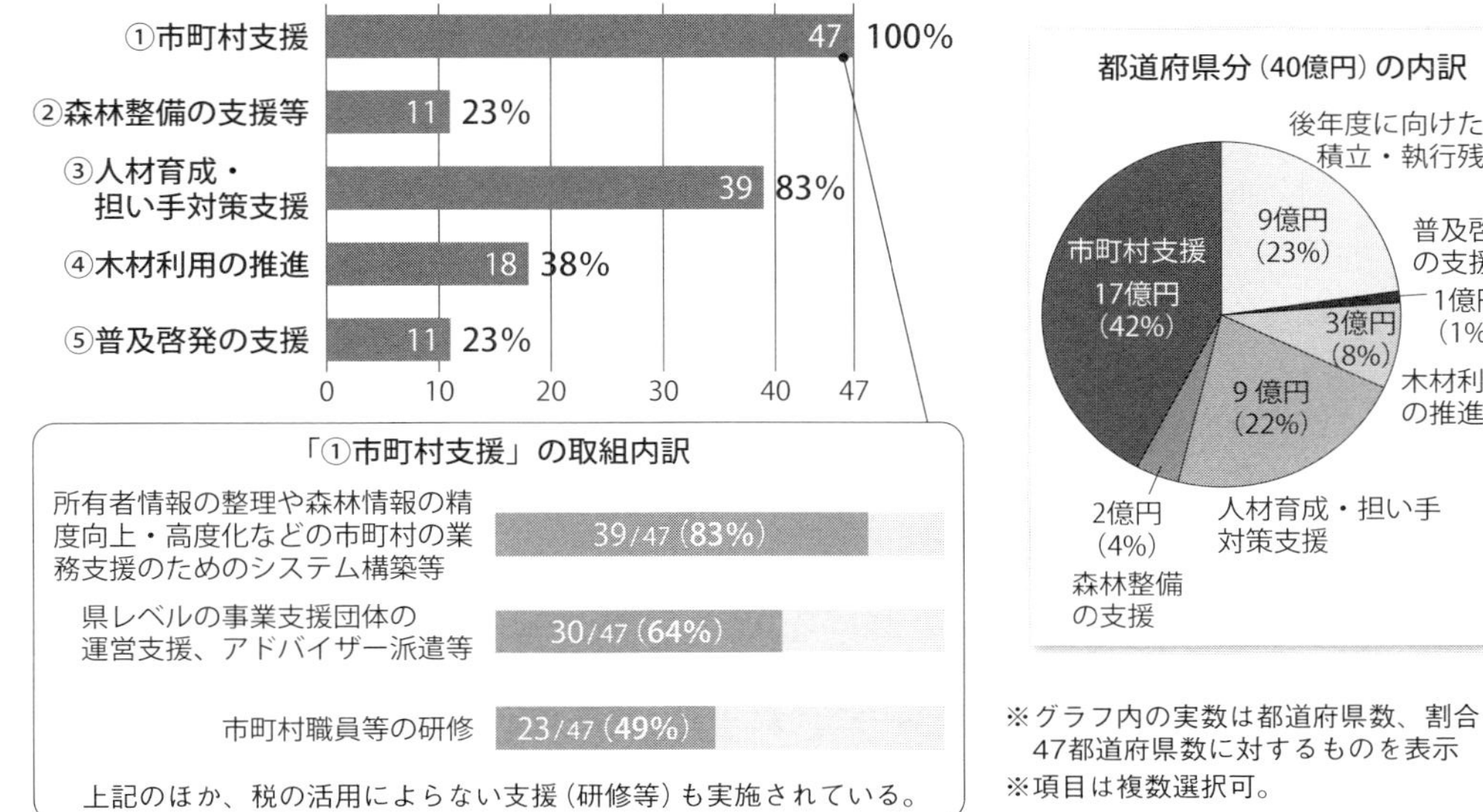

図３　都道府県による森林環境譲与税の使途の状況（令和元年度・林野庁調べ　47都道府県分を集計）

市町村支援の具体的な内容としては、市町村に提供する森林情報の精度向上・高度化をはじめ、県レベルでの市町村に対する事業支援団体の運営支援のほか、県で雇用した地域林政アドバイザーの市町村への派遣、市町村職員を対象とした研修会の実施など、その内容は多岐に渡ります。例えば、島根県では、市町村職員のマンパワー不足や技術的な知見の不足を解消するために一般社団法人島根県森林協会内に「森林経営推進センター」を設置し、市町村による森林経営管理制度の運用に必要となる業務のサポートや研修会の開催などを行っています。また、鹿児島県では、鹿児島県森林組合連合会内に「森林経営管理市町村サポートセンター」を設置し、森林経営管理制度の運用に係る市町村への技術的な助言・指導などを行っています。

3　施策別に見た市町村による活用例

ここからは、施策別に、森林環境譲与税を活用した市町村における取り組みを具体的に紹介します。

(1) 森林整備関係

①森林経営管理制度の申出を活用した間伐の実施（兵庫県養父市）

兵庫県養父市では、総面積の８割以上を森林が占め、１万haを超えるスギ・ヒノキを主体とした人工林を有していますが、木材価格の低迷や不在森林所有者の増加等から手入れ不足の森林は年々増加傾向にありました。

間伐の実施状況

間伐後の状況

間伐の実施前後の状況
（兵庫県養父市）

そこで、その解消を図るため、市が初年度の試行的な取り組みとして、森林経営管理制度に基づく間伐を推進する方針を決めたところです。具体的には、10年以内の施業履歴がなく、危険渓流域、もしくは30度以上の急傾斜地の私有林人工林を対象に、森林組合と連携し、森林所有者への訪問・説明を行い、申出を行ってもらうことで、市が127・89ha分の経営管理権を取得し（森林所有者から市に森林の経営管理が委託されることとなる）、保育間伐86・72haの実施につながったところです（養父市は、事例編1の73頁でも紹介していますので、参照ください）。

②森林環境改善等を目的とした森林整備の取り組み（和歌山県かつらぎ町）

和歌山県かつらぎ町は、町総面積の5割以上を人工林が占めている森林地域ですが、所有者

間伐前の状況

間伐後の状況

間伐の実施状況

間伐の実施状況
（和歌山県かつらぎ町）

の高齢化や経営意欲の減退、急斜面等が原因で手入れ不足の森林が増えている状態が続いていました。

このため、県が定めている森林ゾーニングに則り、その中の「環境林」を対象として、森林災害の防止と森林環境の改善の観点から、森林整備（間伐）を推進することとしました。具体的には、路網整備が困難でこれまで森林整備が行き届かなかった地域（環境林）を対象とした間伐を支援することで、2019（令和元）年度は、65・17haの間伐実施につながったところです。

また、台風等の自然災害により、作業道に被害が生じたことが原因で、間伐が中断してしまう事案が発生していたことから、作業道復旧への支援を行うことで円滑な事業継続を促すこととしました。

③地域住民との連携による里山整備の推進（高知県いの町）

高知県いの町は、高知県のほぼ中央部に位置し、面積の約9割を森林が占め、1800mを越える高標高地から平野部の里山地域まで多様な森林が分布しています。このうち、里山地域においては、森林所有者の森林整備に対する関心の低下が著しく、適正な管理がなされず放置された竹林の拡大や、その拡大に伴って里山林の多くが荒廃している状況にあります。

このため、いの町では、森林環境譲与税を活用し、里山整備を支援するため、放置された竹林から広葉樹等に樹種転換を図る新規事業を町独自に創設しました。具体的には、放置竹林の皆伐、広葉樹等の植栽、原則5年間の下刈り等を事業メニューとしました。また、町では、事業を効率的に推進していくため、森林所有者や地域住民に働きかけを行い、地域の合意形成を図りつつ、里山整備を実施する民間事業者と、森林所有者や地域住民とのマッチングも行っています。

実施前の状況

実施後の状況

事業実施前後の状況
（高知県いの町）

２０１９（令和元）年度は、放置竹林を皆伐し、その後にヤマザクラ等を新たに植栽する取り組み等を実施（竹林改良０・73ha、下刈り２・09ha）しています。今回の放置竹林の整備により、景観も良くなったことから地域住民の関心が高まり、事業への問い合わせが増加しています。

④災害等により荒廃した森林の再生（福岡県添田町）

福岡県添田町は総面積の８割以上を森林が占め、スギを主体とした人工林で12齢級以上の林分が約４割を占めています。今後、間伐とともに主伐を推進し、森林の循環を回復させる必要があるほか、小規模零細な所有が多く、手入れが行き届かない森林の増加や自然災害や獣害等により荒廃した森林が増えている状況にあります。

そこで過去に個人負担で事業を行い森林の整備・更新を行った森林について、災害及び食害など本人に責を負わない事由により荒廃した森林の植栽や獣害対策を支援し、森林整備を推進する方針を定めました。具体的には、森林所有者から相談を受け、現地調査及び施業履歴等の調査を実施し、事業要件に該当すると認められた森林で、周辺の森林

保護柵の設置前

保護柵の設置後

保護柵の設置前後の状況
（福岡県添田町）

整備への影響が大きい森林について町が植栽を行います。

事前の審査において、針葉樹の植栽については、２回以上の個人負担実績の確認等の要件を厳格化した上、町と森林所有者とで10年間の協定を締結して、期間中の森林の開発行為を禁止する等、効果の担保と単純な個人資産の形成につながらないよう配慮しています。

２０１９（令和元）年度は、１.79haの植栽を実施（針葉樹１.48ha、広葉樹０.31ha）、併せて獣害対策として、単木保護柵を４４４０本、ネットを３００m設置したところです。

⑤地域林政アドバイザー制度を活用した森林整備の推進（熊本県御船町）

熊本県御船町では、森林のうち約５割が民有人工林で、森林の整備については、主に地元の森林組合が保育（間伐）事業を主体として行っています。しかし、森林区域内の地籍調査が未着手であるため、所有者の把握や境界確認等が難しく、森林整備が進まない状況が生じていました。

このため、町では、森林経営管理制度を活用した森林整備を推進することとしました。具体的には、地区座談会の開催、戸別訪問での意向調査、現地確認、隣接所有者の洗い出しによる境界の確認やＧＰＳ測量について、町全域を概ね10年計画で実施し、森林整備につなげていく

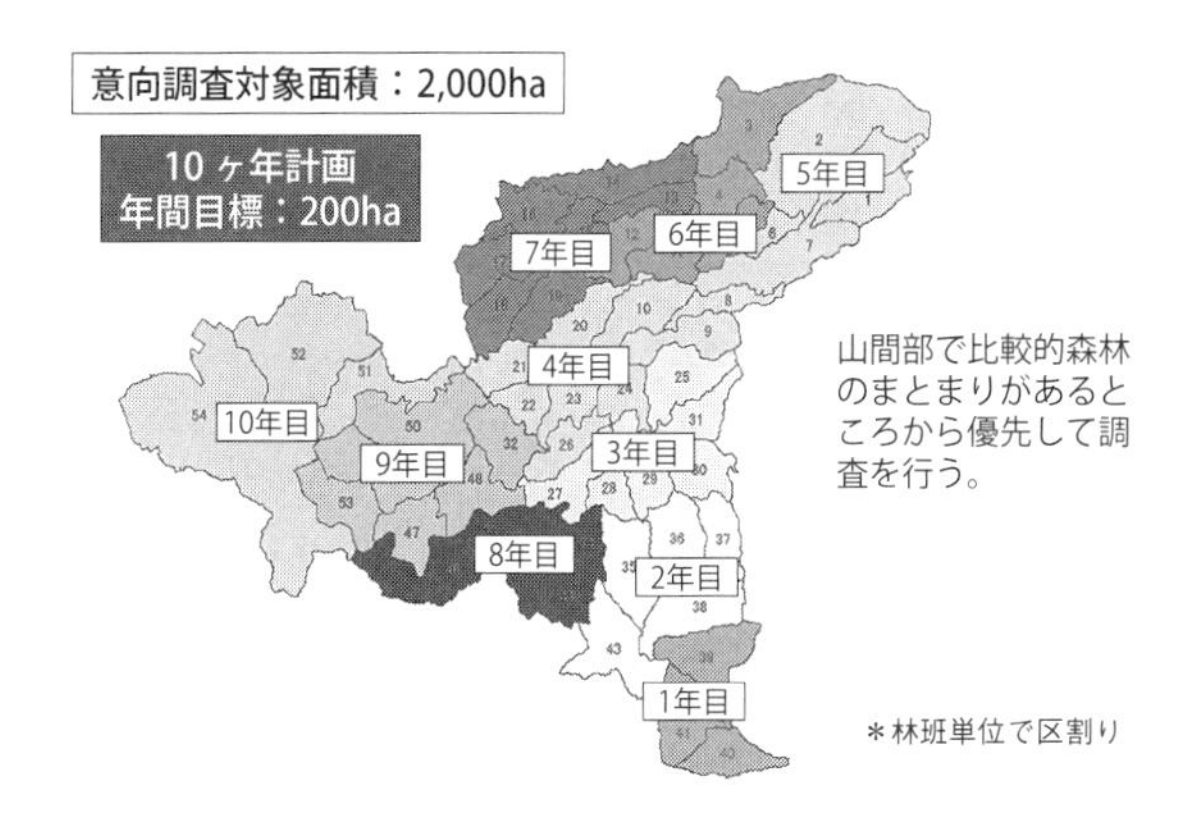

図４　10ヶ年計画年間目標

境界明確化の様子

地区説明会の様子

経営管理制度の取り組み状況（熊本県御船町）

こととしています。

この取り組みは、主に町で雇用した元森林組合職員の地域林政アドバイザーが中心となって進められていますが、取り組みに当たって工夫を加えています。例えば、意向調査については、調査票を郵送するのではなく直接面会して聞き取りすることで回収率の向上に努めたほか、所有者探索や境界確認についても、地元精通者の協力を得ることで、地籍調査0%の地籍未了地域においても所有者探索や境界確認を円滑に進めています。

2019（令和元）年度は町内の私有林人工林123haの森林所有者に対し、森林の経営管理の意向を確認したほか、森林境界の立ち会いや杭打ち等、197haの境界明確化を行っています。

⑥圏域推進会議とマトリクス表による意向調査の優先順位の決定（宮城県登米市）

宮城県登米市の人工林率は約7割と県平均を上回り、市内森林組合や製材業者等を中心に、林業・木材生産の盛んな地域となっている一方で、条件不利地等の適正な森林整備が課題となっています。

このため、森林環境譲与税を活用し、まずは森林の現況把握を行い、これらの中から施業条

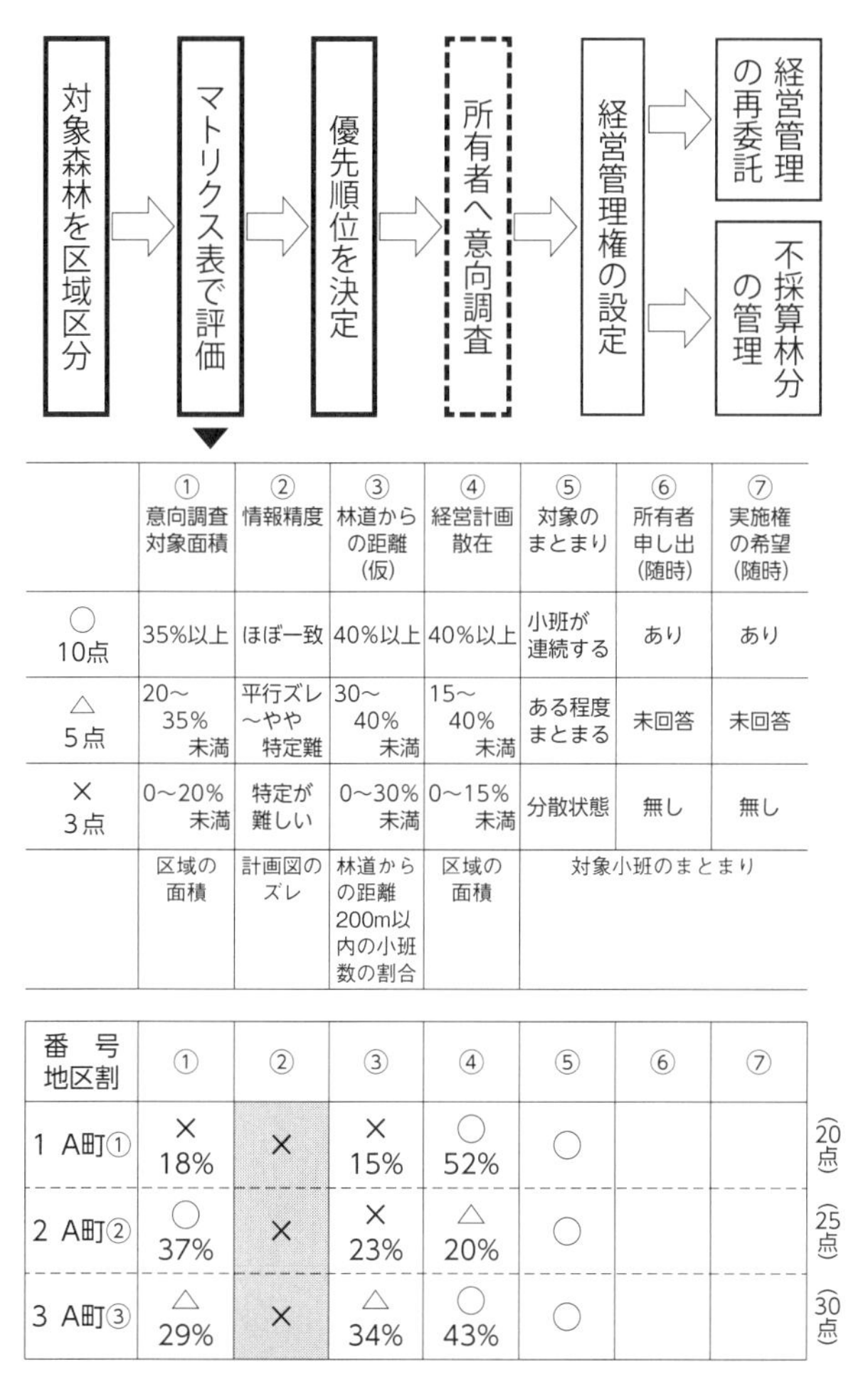

	① 意向調査対象面積	② 情報精度	③ 林道からの距離（仮）	④ 経営計画散在	⑤ 対象のまとまり	⑥ 所有者申し出（随時）	⑦ 実施権の希望（随時）
○ 10点	35%以上	ほぼ一致	40%以上	40%以上	小班が連続する	あり	あり
△ 5点	20～35%未満	平行ズレ～やや特定難	30～40%未満	15～40%未満	ある程度まとまる	未回答	未回答
× 3点	0～20%未満	特定が難しい	0～30%未満	0～15%未満	分散状態	無し	無し
	区域の面積	計画図のズレ	林道からの距離200m以内の小班数の割合	区域の面積	対象小班のまとまり		

番号 地区割	①	②	③	④	⑤	⑥	⑦	
1 A町①	× 18%	×	× 15%	○ 52%	○			（20点）
2 A町②	○ 37%	×	× 23%	△ 20%	○			（25点）
3 A町③	△ 29%	×	△ 34%	○ 43%	○			（30点）

図５　意向調査優先順例・マトリクス表（宮城県登米市）

件の違いにより森林を区分し、対象となった森林所有者を探索した後に意向調査等から森林整備までつなげていく方針を立てました。

意向調査については、10年程度かけて進めることとしており、優先区域を決める根拠となる「マトリクス表」を市・県・森林総合監理士・市町村森林経営管理サポートセンターで構成する「圏域推進会議」で作成しました。「マトリクス表」は、市内森林を16区域に分割した上で、森林計画上の「情報精度」「林道からの距離」など、複数の評価項目別に配点を行い、これらの総合得点から優先順位を決定する仕組みとし、区域ごとの意向調査実施年度を決定の上、初年度から意向調査を実施したところです。

２０１９（令和元）年度は、２４９・０ha、１７７件分の意向調査を実施し、１８０・72ha、１２６件の回答があったところです。

⑦合併前市町村を単位とした森林の集積（三重県津市）

三重県津市では、森林環境譲与税を活用し、市内全域の森林において森林経営管理制度に沿った森林整備を推進していくこととしました。

まず、各地で森林経営管理制度に基づく経営管理意向調査を実施する際、合併前の市町村を

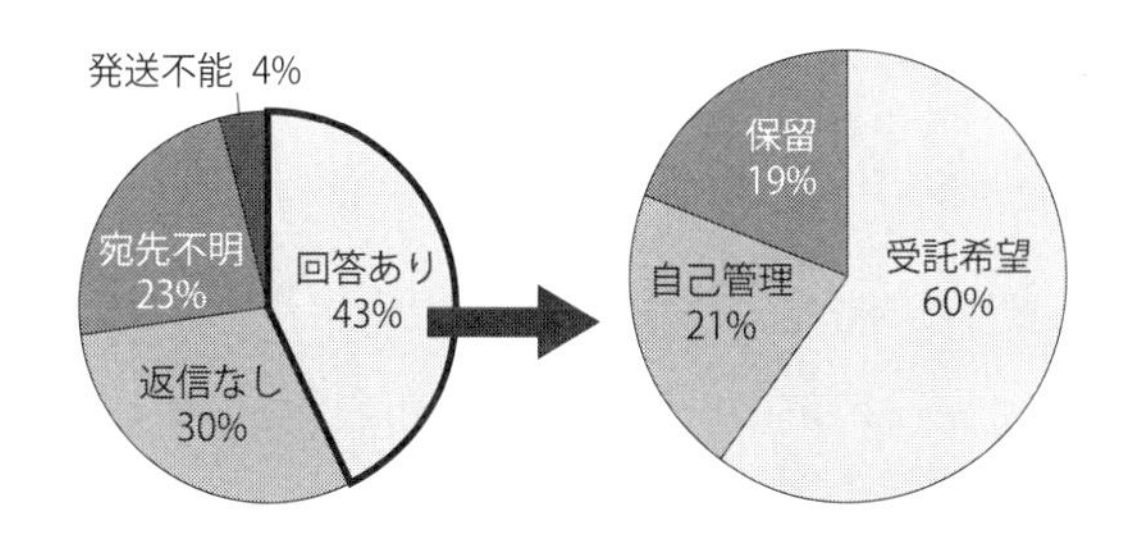

図６　意向調査の結果・境界明確化の様子（三重県津市）

単位とすることで円滑に手続きを進め、数年のうちに市内全域の意向調査を完了することとしています。その後、順次経営管理権集積計画を策定し森林整備を進めていく予定です。

この事業実施に当たって市では、２０１８（平成30）年度に林業関係の職務経験者、２０１９（令和元）年度に県の林業専門職員ＯＢを雇用したほか、国、県及び「みえ森林経営管理支援センター」によるサポートを受けながら、森林組合など、地元の森林・林業関係者と協力して事業を進めています。

また、森林所有者に制度を理解していただくため、市広報やウェブサイトでPRし、市内各地域において、森林経営管理制度についての説明会を8回開催しました。開催時にアンケート調査で所有者の意識を調査し、予算編成の資料として活用するなど、効率的な事業運営に努め、2019（令和元）年度に区域面積約3300ha、所有者数約2500人の意向調査を行い、次年度以降の森林整備につなげることができました。

さらに、この調査において、市への経営委託を希望する森林が多かった箇所の現況調査及び境界明確化を実施しました。

(2) 人材の育成及び担い手の確保

①担い手不足の解消を目的とした「森の学校」の開催（山梨県都留市）

山梨県都留市は総面積の約8割を森林が占めており、適切な森林管理が求められていますが、担い手の不足や産業として未成熟な面が課題となっています。このことから「森林経営管理制度の適切な運用のための林業の担い手の確保」等を目的として、森林環境譲与税を活用した「森の学校」を開催することとしました。

「森の学校」の様子（山梨県都留市）

「森の学校」は、通年の座学及び現場での実技等により、林業に必要な知識・技術（森づくり全般、チェーンソー取り扱い、刃物研ぎ・目立て、下刈り、境界調査、測量、選木間伐、枝打ち、つる切り、地拵え、歩道整備、植栽等）の指導を全12講座、18歳から70歳までの男女で都留市内に住所を有する方、または将来的に都留市に移住を希望する方を対象に実施しました。

初年度は、チラシ、ポスター、広報、ウェブサイト等を活用し、市内外に周知するとともに、まずは山林に関心を持つことができるような内容を中心に開催し、日曜開催や同じ内容の講座を２回ずつ開催する等受講者が参加しやすいよう配慮した結果、全12回の開催で計１９４名が参加しました（事例編２の１００頁でも紹介して

森林づくりセンターの開設（岡山県鏡野町）

いますので、参照ください）。

②新たな組織「鏡野町森林づくりセンター」の開設（岡山県鏡野町）

岡山県鏡野町は町面積の約8割を森林が占めており、その約7割が人工林で、戦後から高度経済成長期にかけて植えられたスギ、ヒノキが多く、木材として利用可能な時期を迎えています。一方で、木材価格の低迷による木材生産の減少、森林所有者の世代交代等による経営意欲の低下や所有者不明森林の増加、担い手不足といった全国的な課題に直面しています。

そこで町では、森林経営管理制度を推進するための体制づくりとして、森林環境譲与税を活用して、町による「鏡野町森林づくりセンター」を新たに開設しました。

センターには、町の職員に加え、森林組合職員、県で設置した人材バンクを活用し、元県林業職員を地域林政アドバイザーとして雇用し、森林経営管理制度に基づく意向調査を実施するほか、人材の育成、確保にかかる施策の検討を行うなど、森林整備の推進に向けた取り組みを進めています。

(3) 木材利用・普及啓発

①自治体間連携等による森林整備（秋田県北秋田市・東京都国立市）

秋田県北部中央に位置する北秋田市は、総面積の約8割を森林が占め、森林の約4割強を占める民有林のうち約6割がスギ人工林であり、その森林資源は、伐採、利活用、再造林（植栽）という資源循環を開始するに適した状況にあります。

このような状況の中、森林環境譲与税を活用した取り組みの1つとして、同市と友好交流都市である東京都国立市との間で、都市と山村が連携した森林整備事業を実施しました。

これは、森林・林業の役割や木材利用に対する理解と関心を高めることを目的に、国立市を

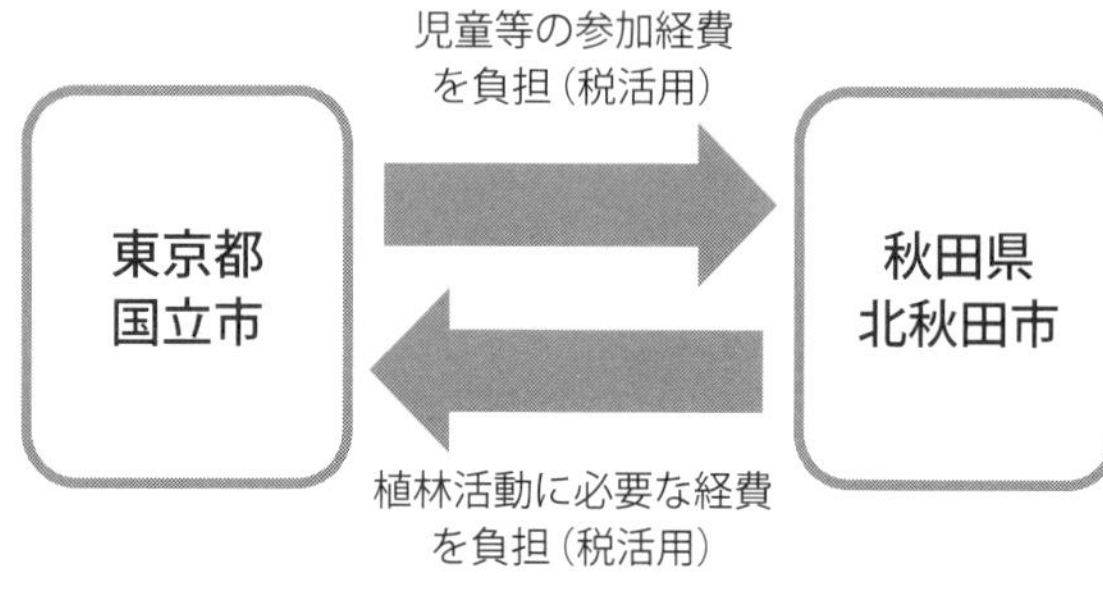

図７　事業スキーム

植林活動の様子

植林活動後の様子

秋田県北秋田市・東京都国立市

主とする都市の児童と、地元北秋田市の児童が共同で森林整備活動（植栽）を行うものです。

地拵え等の事前の森林整備や当日の植栽指導は北秋田市の森林環境譲与税を活用し、地元森林組合に委託し、国立市は、児童やその保護者の移動経費等の参加経費を森林環境譲与税で負担しました。植栽日当日は、スギのコンテナ苗６００本を０・２haの現場に植栽し、森林整備と林業への理解を深める普及啓発事業を実施することができました。

また、「都市と山村の友好の森」事業の大型木製看板を製作し、事業のＰＲも併せて実施しました。

②新生児への木材製品配布による木材普及啓発の取り組み（愛知県豊明市・長野県上松町）

愛知県豊明市は、名古屋市近郊に位置していることから森林面積が小さく、また、愛知用水等を通じて上流域の木曽地域より水が供給されており、水源地に当たる長野県上松町は同市の友好自治体であることから、これまでも水源地の森林保全活動等を行い、上下流交流を図ってきました。

今回の森林環境譲与税の活用に当たり、その使途を検討した結果、上松町の協力のもと、上松町の木材から作られた食器またはおもちゃを、豊明市で出生された新生児にプレゼントすることとしました。

具体的には、豊明市の出生者数分の木製品の製作について豊明市が上松町内の3者の木工事業者が分担して木製品を製作する仕組みで、製作費は豊明市の森林環境譲与税を活用し、2019（令和元）年度は約400名を対象にプレゼントしました。

この取り組みにより、豊明市では小さな頃から木で作られた温もりある製品に触れることを通じて、森林の大切さを考える機会を創出するとともに、上松町の健全な森林づくりが進むことが期待されます。

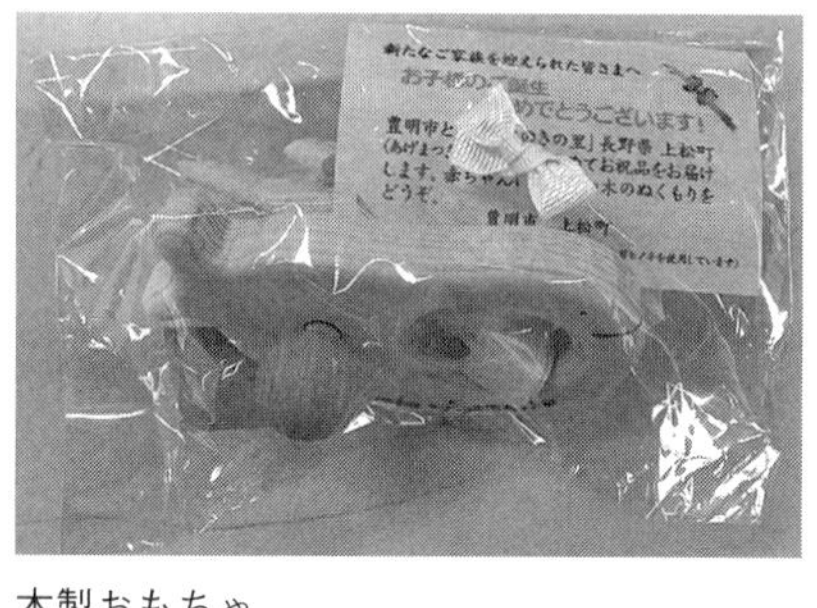

木製おもちゃ

合同記者会見の様子

愛知県豊明市・長野県上松町

③協定締結による林業体験や相互交流の実施（徳島県那賀町・北島町）

徳島県那賀町は徳島県の南部に位置し、古くから「木頭杉」の産地として栄え、森林率は95%を占めています。

一方、北島町は徳島県の東部に位置し、森林のない町であり、この両町と「公益社団法人徳島森林づくり推進機構」の3者が「森林環境対策に関する連携協定」を締結しました。この協定に基づき、両町は、相互交流等の事項について、徳島県森林づくり推進機構から取り組みに必要な技術やノウハウの支援を受け、連携、協力して取り組みを進めることとしました。

なお、徳島森林づくり推進機構は、取り組みに必要な技術やノウハウについて、支援を行うこととしました。これは、徳島森林づくり推進機構が取り組み内容を両町に提案し、両町の小中学校等に参加を呼びかけ、両町の譲与税を活用し進めるもので、2019（令和元）年度は、両町の小学生3年生以上（原則）の親子を対象に那賀町内の自然エネルギーミュージアム見学や森林環境教育、木工工作等を行い、町に森林がない児童も効果的に森林について学べるよう連携を図りました。

協定締結式

那賀町と北島町との連携事業

④木材利用促進に関する取り組み（神奈川県川崎市）

木材消費地である同市では、誰もが木の良さを身近に感じられる「都市の森」の実現に向けて、⑴公共建築物への木材利用促進、⑵民間建築物への木材利用促進、⑶地方創生に向けた連携、を3本柱に、森林環境譲与税を活用した取り組みを展開しています。

公共建築物においては「川崎市公共建築物等における木材の利用促進に関する方針」に目標値を定め、積極的な木質化を実施しています。また、民間建築物への木材利用を促進するため、木材利用に関心を持つ企業や自治体により構成される「木材利用促進フォーラム」（以下「フォーラム」という）を立ち上げるなど、消費地のトップランナーとして林産地から注目されています。

具体的には、不特定多数の市民が利用する公共空間・施設の一部の木質化や、フォーラムの活動としての視察や講習会等を通して、木材利用に関する事業者の技術力・ノウハウの向上を図るほか、民間建築物への木材利用に対する補助を行っていきます。

さらに、フォーラムのネットワークを活かした情報の共有やビジネスマッチングの場づくりなど、会員の求めるものを提供するよう努めています。森林が他都市と比較してかなり少ない同市では、市民が木に触れる機会自体が少ないため、木質化や木育イベントの開催など、木材

優しい木のひろば

中原区役所木質化

民間建築物の木質化

生産地と連携しながら、市民が木の良さを知る機会をつくるようにさらに取り組みを進めていく予定です。2019（令和元）年度は、中原区役所1階の総合案内や待ち合いスペース等を木質化したほか、川崎駅周辺の公共空間等を活用し、木材利用促進イベント「優しい木のひろば」を開催しました（事例編3の152頁でも紹介していますので、参照ください）。

⑤市町村の森林管理体制の構築に向けた都道府県による支援（大分県）

大分県では、森林経営管理制度を市町村が適切に運用できるようにするため、森林環境譲与税を活用し、市町村職員への研修や民間団体による業務支援、森林管理の基礎情報となる県の保有データの精度向上など、市町村の森林管理体制の構築に向けた支援を行っています。

具体的には、市町村職員の知識、技術の向上を支援するため、森林GISの操作研修等の実施や市町村が森林整備事業等の発注を簡易に取り組めるよう積算・発注システムを構築しています。

また、未整備森林の抽出に必要となる森林GISに精通した林業関係団体に、事業構築の相談、未整備森林や経営放棄森林等の森林経営管理制度の対象となる森林の抽出に係るアドバイス、林業事業体との橋渡しやコーディネートといった業務を委託し、市町村の個別訪問を行うことで、職員不足や経験不足に悩む市町村を支援する体制を構築しました。

さらに、市町村内の森林管理の基礎的情報をより正確かつ簡単に把握できるよう、県保有の森林計画図や森林簿の精度を高めて提供するほか、県保有森林GISデータ等のオープン化を進めています。2019（令和元）年度の市町村支援の成果として、4市町村分の森林情報データを整備し、計3回の森林GIS研修（7市町村から延べ14名が参加）等を実施したところです。

市町村業務支援

森林 GIS 研修

4　森林環境税及び森林環境譲与税創設の趣旨

ここまで、各地方自治体の取り組みについて紹介してきました。

今後の取り組みの検討や皆様の理解を深めていただく上で、改めて、森林環境税及び森林環境譲与税創設の趣旨についておさらいします。

森林の有する公益的機能は、地球温暖化防止のみならず、国土の保全や水源の涵養等、国民に広く恩恵を与えるものであり、適切な森林の整備等を進めていくことは、わが国の国土や国民の生命を守ることにつながる一方で、所有者や境界がわからない森林の増加、担い手の不足等が大きな課題となっています。

このような現状の下、自然的条件が悪く、採算ベースに乗らない森林について、市町村自らが管理を行う新たな制度（森林経営管理制度＊）を創設することを踏まえ、パリ協定の枠組みの下におけるわが国の温室効果ガス排出削減目標の達成や、災害防止等を図るための森林整備等に必要な地方財源を安定的に確保する観点から、国民1人1人が等しく負担を分かち合ってわが国の森林を支える仕組みとして創設されたところです。

＊21頁を参照のこと

5　森林環境税及び森林環境譲与税の仕組み

森林環境税は、個人住民税均等割の枠組みを用いて、国税として1人年額1000円を負担いただく税になります。なお、課税を開始する時期は、国民の負担感に配慮し、全国の地方団体による防災施策の財源を確保するための個人住民税均等割の引き上げ措置が終了する時期も考慮して、2024（令和6）年度に設定されています。

また、森林環境譲与税は森林現場の課題に早期に対応する観点から、「森林経営管理制度」の導入に合わせて2019（令和元）年度から譲与が開始され、市町村や都道府県に対して、私有林人工林面積、林業就業者数及び人口による客観的な基準で按分して譲与されることとなります。なお、この基準の割合については、森林整備等が使途の中心であることを踏まえるとともに、木材利用を促進することが間伐材の需要増加に寄与することや、納税者の理解が必要であることなどを勘案し、私有林人工林面積5割、林業就業者数2割、人口3割に設定されています。

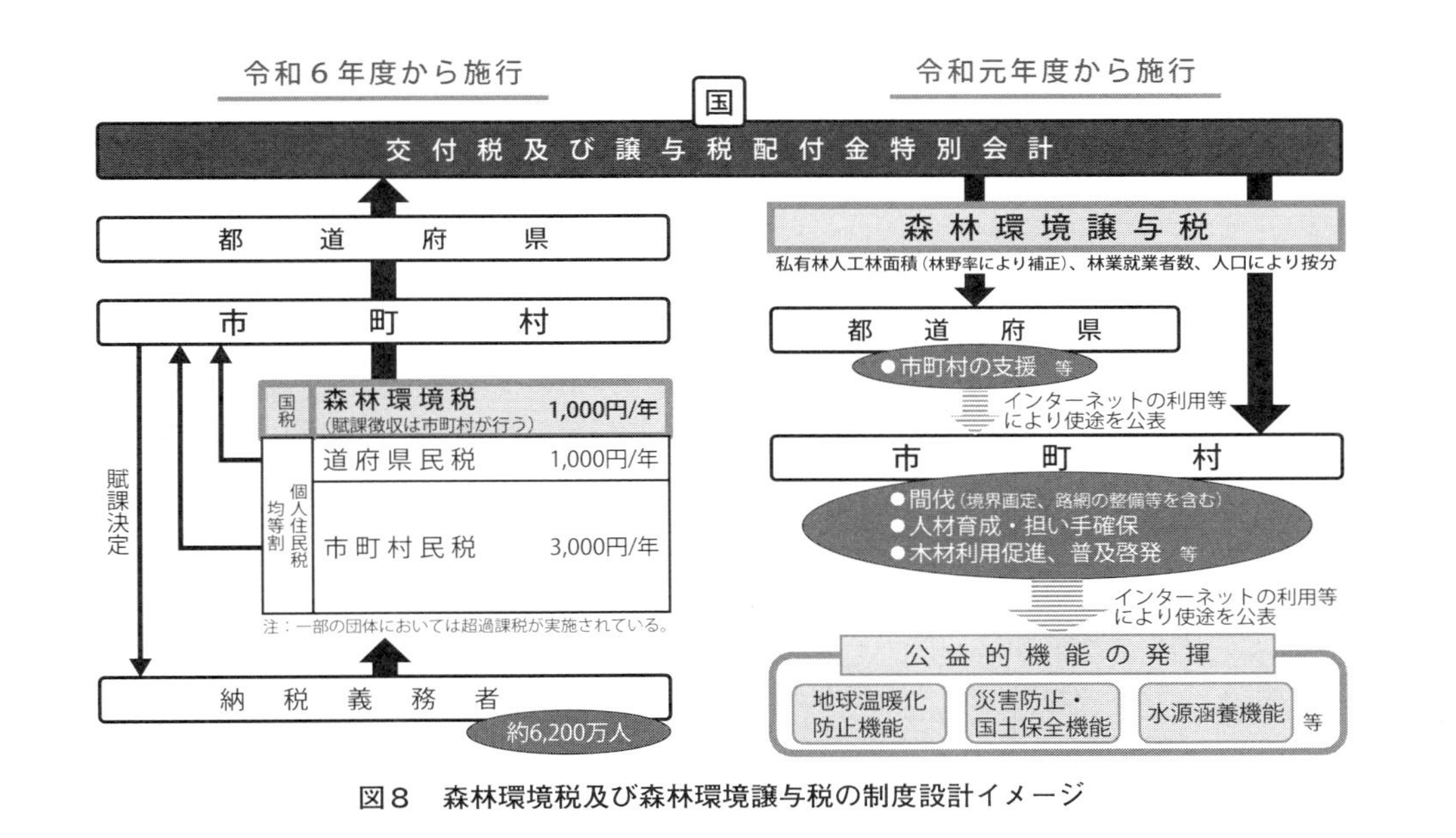

図8　森林環境税及び森林環境譲与税の制度設計イメージ

6　森林環境譲与税の使途について

　森林環境譲与税の使途は、法律で規定されており、市町村においては、森林の整備に関する施策、森林の整備を担うべき人材の育成及び確保、森林の有する公益的機能に関する普及啓発、木材の利用の促進その他の森林の整備の促進に関する施策に要する経費に充てなければならないとされています。また、都道府県においては、森林整備等を実施する市町村の支援等に関する費用に充てなければならないとされています。

　なお、これも法律に規定されていることですが、適正な使途に用いられることが担保されるよう、森林環境譲与税の使途については、市町村等はインターネットの利用等により使途を公表しなければならないこととされています。

7　森林環境譲与税の前倒し増額について

　2020（令和2）年度税制改正の大綱において、災害の防止・国土保全機能強化等の観点

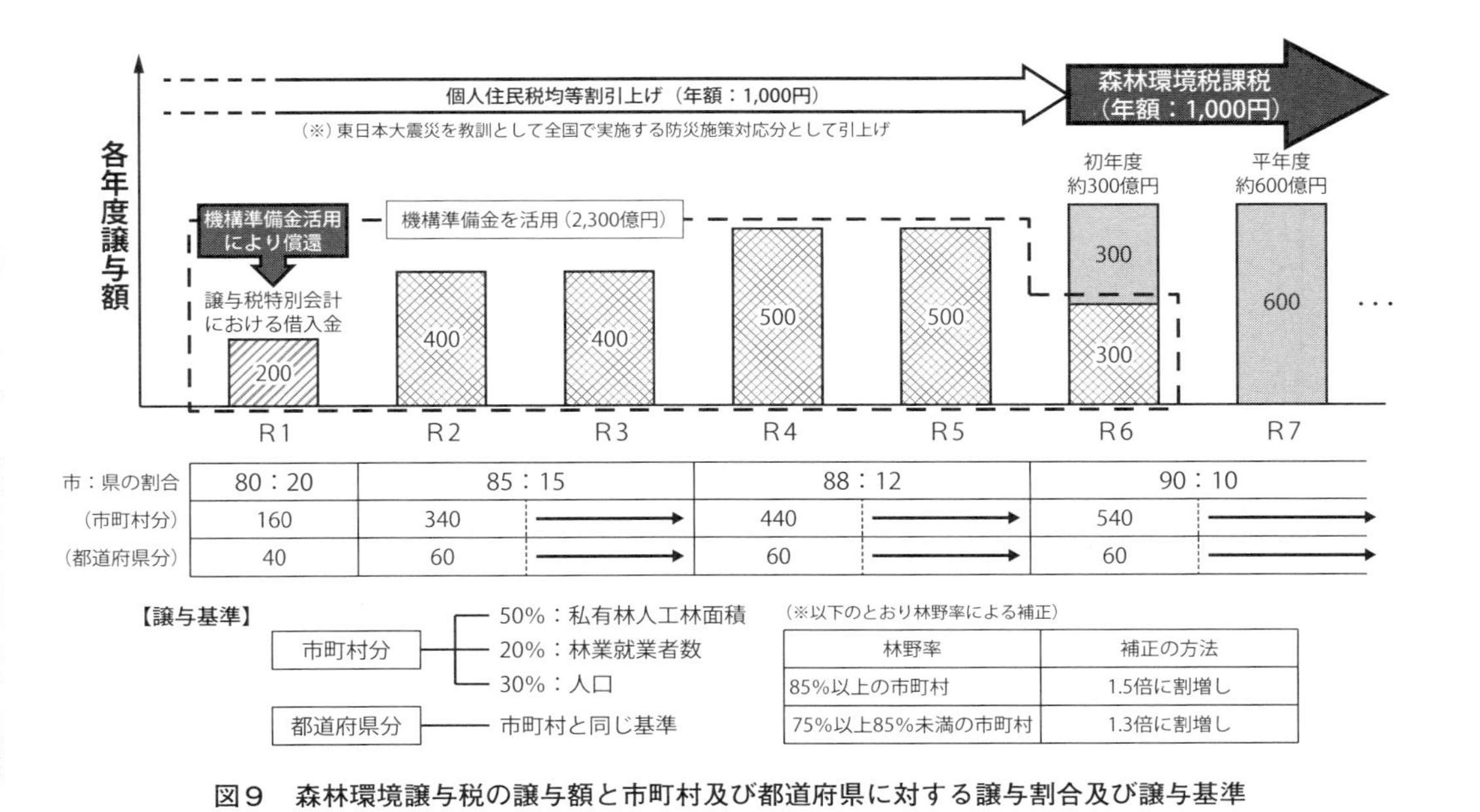

図9　森林環境譲与税の譲与額と市町村及び都道府県に対する譲与割合及び譲与基準

から、森林整備を一層促進するため、「地方公共団体金融機構」の「公庫債権金利変動準備金」を、2020（令和2）年度から2024（令和6）年度までの5年間で2300億円活用し、交付税及び譲与税配付金特別会計における譲与税財源の借入れを行わないこととした上で、譲与額を前倒しで増額することとされ、関連法が改正されました。

このことを受け、各自治体においては、前倒し譲与の趣旨も踏まえた事業の予算化がなされているところです。

8　さいごに

このように各地で具体的な取り組みが進んでいるところですが、法律が施行されて1年が経過したばかりであり、本格的な取り組みはこれから、というところではないかと考えています。森林整備を行うに当たっても、試行的・モデル的に意向調査や間伐等に取り組むところが多く、本格的な整備には至っていないところが多い状況です。

また、関係者や市民の意見を聞きながら森林環境譲与税の使途を決定していこうという動きもあります。

こういった中、様々な自治体と意見交換を重ねながら、改めて感じることは、多くの市町村においては、森林環境譲与税を活用した取り組みを行う際の視点として、森林整備量の増大（これまで手入れができていなかった箇所への対応）につながっているか、森林整備の推進に当たっての課題への対応（間伐等の実施のための路網の維持修繕、広葉樹林化、担い手を増やすための確保・育成対策）ができているかを意識し始めていただいているということです。

また、森林が少ない都市部においても、川上と連携した森林整備や木材利用等、森林整備を促進するものとなっているか、さらには、木材利用の意義、森林整備の必要性を多くの国民が感じられる取り組みになっているか等に留意していただいているところです。

今後、本税が国民に真に理解され、国民1人1人が森林を支えるという趣旨に沿った形で永続的に運用されていくためには、このような視点を持ち続け、各市町村等においてしっかりと説明責任を果たしてもらいながら、取り組みを進めていくことが重要と感じています。そのための一助として、国においても市町村等の取り組みをサポートしていきたいと考えています。

おわりに、林野庁においては、市町村が森林環境譲与税を活用して取り組まれている事例を、林野庁のウェブサイト（「林野庁　森林環境譲与税」で検索）で紹介しているので、参考にしていただければ幸いです。

　また、林野庁では、森林環境譲与税や森林経営管理制度といった新たな仕組みに一元的に対応していくため、これらのスタートに合わせ「森林集積推進室」を新たに設置し、随時相談対応や情報収集及びそのフィードバックを行っているところです。これまで200回以上に渡り、市町村説明会等へ担当者を派遣し、森林経営管理制度や森林環境譲与税についての説明を行ってきたところであり、引き続き、各自治体における取り組みを支援するとともに、国民に対しても本税の意義や重要性についての周知を図っていきたいと考えています。

事例編 1

森林整備

—間伐・路網整備・意向調査

大阪府千早赤阪村（ちはやあかさかむら）

森林の適切な経営管理を目的とした路網の維持管理
地域の実態に即した持続可能な経営管理の仕組みづくりを目指して

大阪府千早赤阪村観光・産業振興課
住吉　めぐみ

河内林業地・千早赤阪村

大阪府内唯一の村である千早赤阪村は、大阪府の南東部に位置し、金剛・葛城山地を隔てて奈良県と隣接しています。本村のシンボルである金剛山（標高１１２５ｍ）は、府内最高峰を誇り、大阪市内から電車・バスで約1時間とアクセスが良いこと、登山回数を記録するシステムや山頂ライブカメラが金剛錬成会により整備されていることなどから、回数登山、健康登山の山として全国有数の登山者数を誇っています。

本村を含む南河内地域は、約３００年の歴史を持つ人工林地帯であり、「河内林業地」と呼ばれ、その起源は灘の酒樽丸太材生産を目的とした造林といわれており、奈良の吉野林業の影響を受けたスギとヒノキの混交密植とこまめな間伐が特徴です。このような歴史を背景として、村の総面積３７３０haのうち、森林面積は３００９ha（森林率81％）、スギ、ヒノキを主体とした人工林面積は２６９０ha（人工林率89％）で、大阪府全体の人工林率49％を大きく上回っています。

森林整備、森林経営計画の状況

このように本村では、古くから集約的な林業経営が行われ、戦後の復興期に大量に造林された森林が充実し、一般的な主伐期である50年生以上の森林が7割以上を占めるなど人工林の本格的な利用期を迎え、一部高齢級の優良大径材ではヘリ集材も行われています。その一方で木材価格の低迷、林業従事者の高齢化、後継者不足、森林所有者の村外転出などにより、森林への関心が低下し、適切な森林整備が行われていない森林が多く存在しています。

加えて、本村では地籍調査を実施していないこと、林地台帳の森林所有者は筆数ベースで約4割が不在村者であることなどから、森林所有者の特定や境界の明確化についても、早急な対応が求められている状況です。

森林経営計画については、2014（平成26）年度から計画作成の取り組みを進めており、2020（令和2）年3月現在で13件、人工林面積で約860haの計画を認定しています。計画作成者別では、大阪府森林組合11件、民間事業者㈱南河内林業）1件、個人1件となっています。その他、生産森林組合など大規模森林所有者の所有地が約400haとなっていることから、人工林のうち約半数は一定程度経営管理されている状況です。

これまで年間の間伐実績は15～20ha程度に留まっていましたが、民間事業者の取り組みも含め集約化が進んだことから、事業量は若干増加傾向にあります。しかしながら、傾斜35度以上の急峻な地形が多く、林道等の路網の整備も十分ではないことから、当面さらなる集約化の促進は難しく、既存の取り組みだけでは未整備森林の解消は困難な状況となっています。

一方、南河内地域では、新たな民間事業者（クリエイション㈱）が森林経営計画の作成に取り

急傾斜地の森林作業道

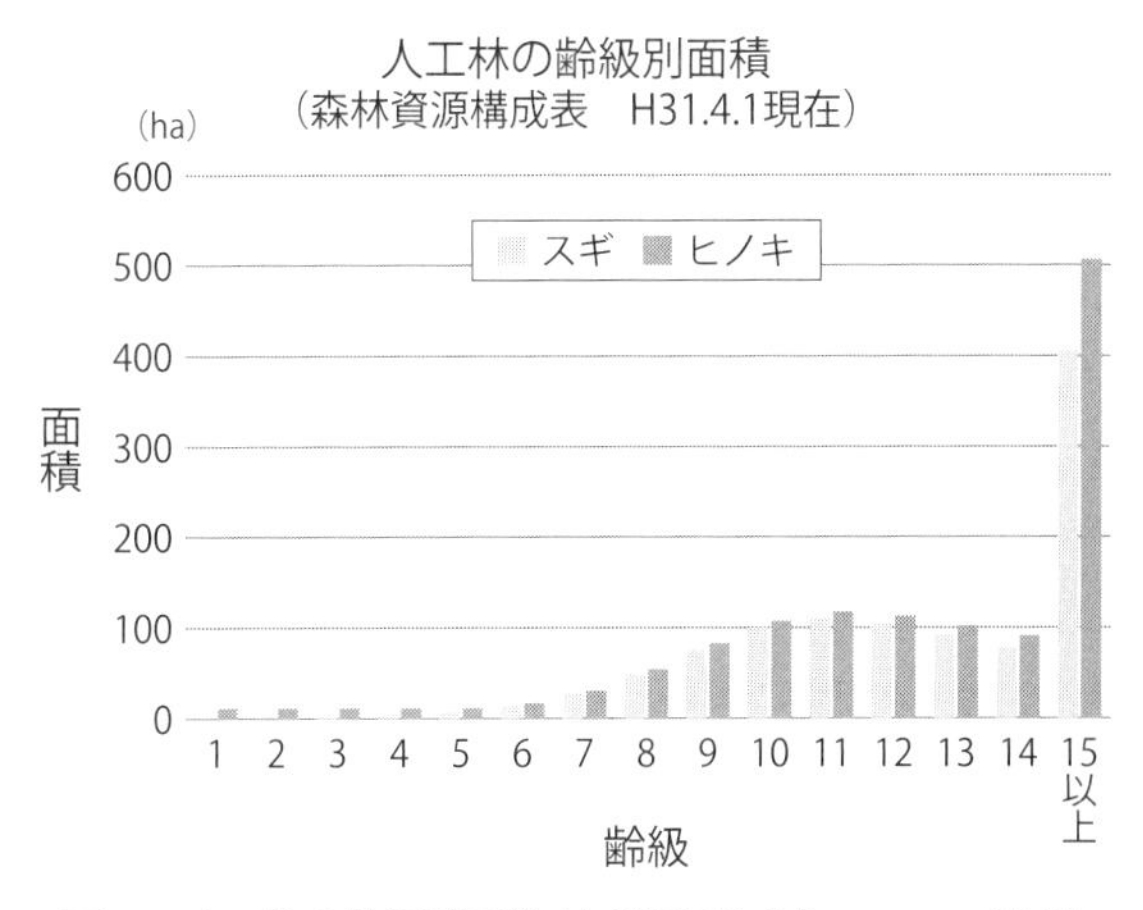

図１　人工林の齢級別面積（森林資源構成表　H31.4.1 現在）

組むなど、これまでにない取り組みも始まっています。森林経営管理制度に基づく森林整備等を推進するためには、これら意欲のある林業事業体との連携が必要不可欠であることから、2020（令和2）年5月に大阪府森林組合、㈱南河内林業、クリエイション㈱の3者と協定を締結し、GISによる森林情報の共有を図りつつ、森林所有者の実態を踏まえた取り組みを検討しています。

持続可能な森林経営管理へ

(1) ちはやあかさか林業活性化大作戦

このような課題に取り組むため、「ちはやあかさか林業活性化大作戦」を立ち上げ、①林業の魅力づくり、②おおさか河内材の利用促進、③森林所有者の特定と境界の明確化を目標とし、関連施策を推進しています（図2参照）。

①林業の魅力づくり

●森林経営計画の作成（集約化の取り組み）に必要な境界の確認、間伐実施にかかる森林所有者の同意の取り付けなどに必要な活動費用について、森林整備地域活動支援対策事業で支援しています。

●森林経営計画に基づく、間伐等の森林整備（森林環境保全直接支援事業）や気象害等で被害を受けた森林の人工造林（特定森林再生事業）に対して、国・府の補助に加えて村単独で15%（被害森林整備については20%）の上乗せ補助を実施しています。

●間伐及び木材利用の促進と自伐林家等の支援、さらには切り捨て間伐を削減し、災害防止を図るため、2016（平成28）年度から村内の原木市場（大阪府森林組合木材総合センター）への間伐材の搬出に対して、間伐材搬出事業により7000円/m³（他の補助金を併用する場合は1000円/m³）を助成しています。

●2019（令和元）年度からは、林業環境を改善するため、基幹路網であるものの、十分な維持管理ができていなかった林道について、林道管理者が改修する際に、その原材料費を補助する林業施設整備補助事業を開始しました（森林環境譲与税を活用）。

②おおさか河内材の利用促進

●2018（平成30）年度に千早赤阪村木材利用基本方針を改正し、今後、建設予定の役場

「ちはやあかさか林業活性化大作戦」　ちはや姫

【目標】

1.「林業の魅力づくり」

●森林整備地域活動支援対策事業

森林経営計画の作成に必要な森林所有者や境界の確認、間伐実施にかかる森林所有者の同意の取り付けなどに必要な活動費用を補助。

●森林環境保全整備事業

森林経営計画に基づく、間伐や作業道開設に対して、国府の補助（森林環境保全直接支援事業、特定森林再生事業）のほか村単独で15%（被害森林整備は20%）上乗せ補助。

●間伐材搬出補助事業

間伐及び木材流通の促進、自伐林家等の支援のため、間伐材を大阪府森林組合木材総合センター（府内唯一の木材市場）へ搬出するための経費を助成。

・他の補助金なし7,000円／㎥　・他の補助金あり1,000円／㎥

●林業施設整備補助事業（森林環境譲与税を活用）

林道管理者が行う森林整備のために必要な林道の修繕等に必要な原材料費を補助。

2.「おおさか河内材の利用促進」

●公共施設木材利用促進事業

木材利用基本方針を改正し、役場新庁舎での内装木質化等に取り組む。

●おおさか河内材利用促進事業（森林環境譲与税を活用）

小さい頃から木材製品に触れてもらうため、出産お祝い事業として、村内で誕生した赤ちゃんに積木を贈呈。

3.「森林所有者の特定と境界の明確化」

●林地台帳整備事業

森林所有者特定と境界明確化により、施業集約化を図るため、統合型GISに林地台帳情報を搭載。

図２　ちはやあかさか林業活性化大作戦

新庁舎の内装木質化のほか、小さいころから木材製品に触れ、木の良さを感じてもらうため、村内で誕生した赤ちゃんにおおさか河内材の積木を贈呈するなど、木材の普及啓発活動に取り組んでいます（森林環境譲与税を活用）。

おおさか河内材の積木で遊ぶ様子

③森林所有者の特定と境界の明確化

●本村では地籍調査を実施していないことから、森林所有者の特定と境界の明確化が課題になっています。このため、２０１８（平成30）年度に統合型ＧＩＳに林地台帳情報を搭載し、地番、林小班関連情報の確認のほか、航空写真を重ね合わせ、森林の現況を把握できるようシステムを整備しました。

(2) 村の推進体制

本村では、観光・産業振興課(2020(令和2)年1月現在の職員数9名)で観光、商工・労働、農政、林政を担っていますが、林務関係の業務は1名で担当し、他の主業務と兼務していることから、実質的には0・3名程度で林務関係業務を実行しているというのが実態です。

役場全体としても厳しい財政状況、要員体制の中、林務専任の職員を配置することは困難ですが、大阪府が市町村の森林管理システムの運営を支援するため設置した「森林整備・木材利用促進センター」を活用して、施業履歴などの基礎的情報の提供や業務支援を受けながら、研修会に参加して職員のスキルアップを図るとともに、2019(平成31)年4月には林野庁から出向者1名を2年間の予定で受け入れ、GISも活用しながら関連情報を整理し、本村で実施可能な仕組みについて検討を進めているところです。

(3) 森林環境譲与税活用のスキーム

森林率が高く、多くの人工林を有する本村にとって、森林環境譲与税は間伐等の森林整備に活用することが主体になります。しかしながら、現在の職員体制、地籍調査を実施していないという条件の中、やみくもに森林所有者の意向調査を実施しても、効率的に森林経営管理制度

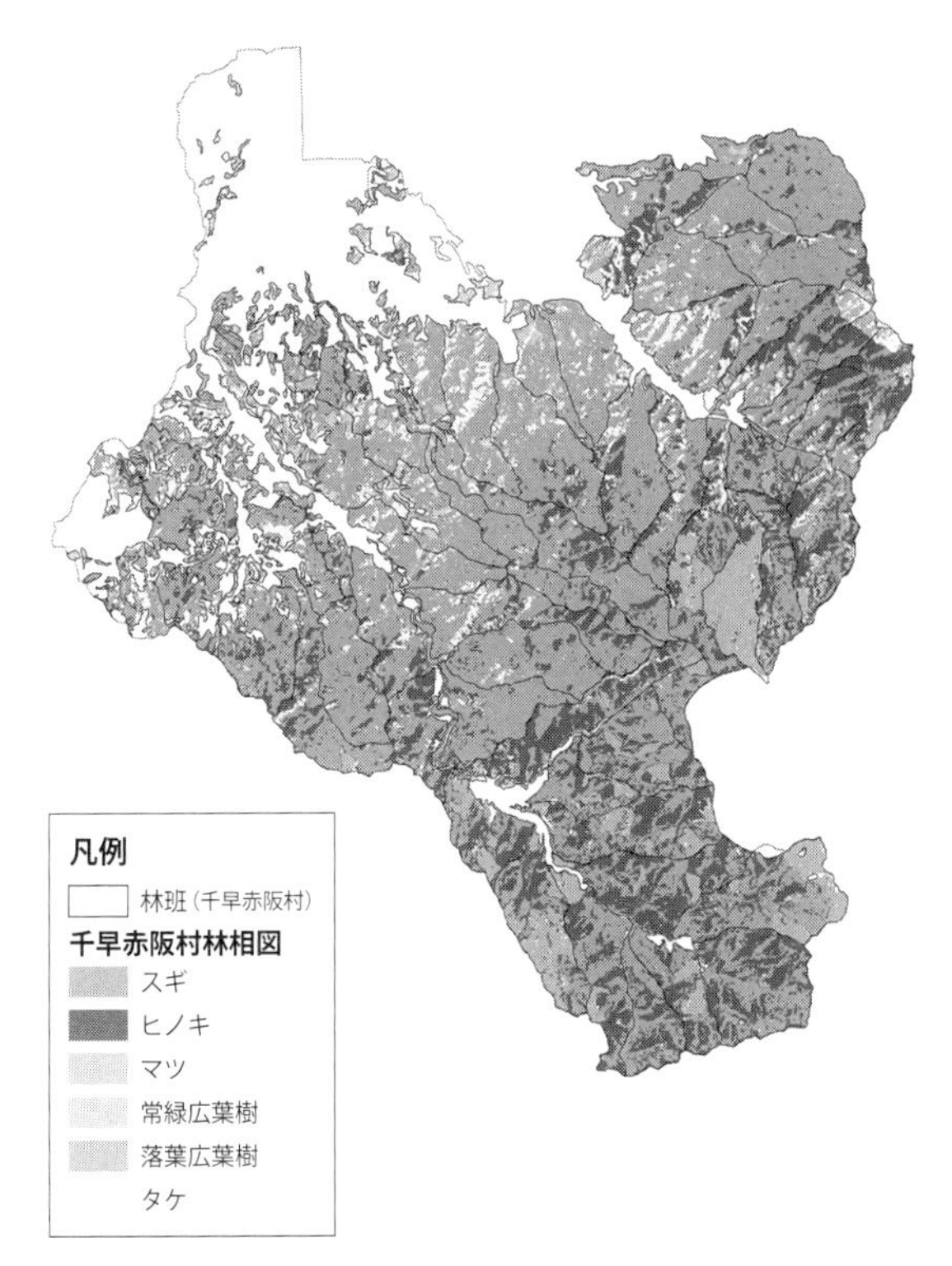

図３　林相図

※この林相図は、平成 27, 28, 29 年の衛星画像から、スギ、ヒノキ等の違いを機械的に判読し作成した参考図です（提供：大阪府）

の取り組みを推進することは困難です。

このため、初年度（2019（令和元）年度）については、まず「林業環境の改善」という課題に対応するため、これまで十分に管理されていなかった林道の改修・修繕を進めることとしました。

村内の林道は19路線、延長約20㎞で、すべて大阪府森林組合（南河内支店）が管理者となっていますが、修繕等に必要な経費を補助することとし、限られた予算を効率的に活用するとともに、村、林道管理者それぞれの事務的な負担を軽減するため原材料費補助としました。

本事業を実施した結果、搬出間伐と併せて実施する場合は、現地にある重機を林道の修繕に活用できることから問題がないものの、それ以外の場合は林道管理者の実態として別途重機のリース料、回送料が必要となるため、十分に活用できていないのが現状です。本事業をより有効に活用するためには、これらを補助の対象にすることについても検討が必要ですが、この取り組みが森林作業の効率化を図り、森林経営計画に基づく適切な経営管理と森林経営管理制度の推進にもつながっていくものと考えています。

森林整備については、これまでの集約化の状況、急峻な地形も多く、林道等の路網整備も十分ではないことを考えると、現状で未整備森林のうち、林業経営に適した森林は多くは存在せず、このような非経済林の保育間伐を優先的に進めていく必要があると考えています。

このため、森林の状況を効率的に把握できるよう２０１８（平成30）年度に統合型ＧＩＳで地番等の林地台帳情報と航空写真を併せて確認できるようにシステムを整備しましたが、林地台帳には未入力の情報が多くあり、施業履歴を含めた情報を整理、更新できるものにはなっていません。今後、これらの情報を林業事業体と共有しながら精度を高めていく必要がありますが、簡易で継続的に運用できる府レベルでのクラウド型森林ＧＩＳの整備とともに林業事業体等の関係者が容易に森林情報にアクセスできるようオープンデータ化が望まれます。

また、木材利用については、村内での利用だけでは波及効果も限られるため、府内都市部での利用拡大を図ることが重要です。２０１９（令和元）年度の府内各市町村への譲与額は約３・８億円となっていますが、このうち約６割が人工林面積１００ha以下の市町に譲与されています。５年後、10年後を考えると、このような都市部での木材利用とともに、木を使うことの意義を理解してもらうための森林ＥＳＤ（＊）が極めて重要であることから、今後、おおさか河内材についての情報提供、営業活動のほか、出前授業や体験林業等の取り組みも進めたいと考えています。

＊持続可能な開発のための教育

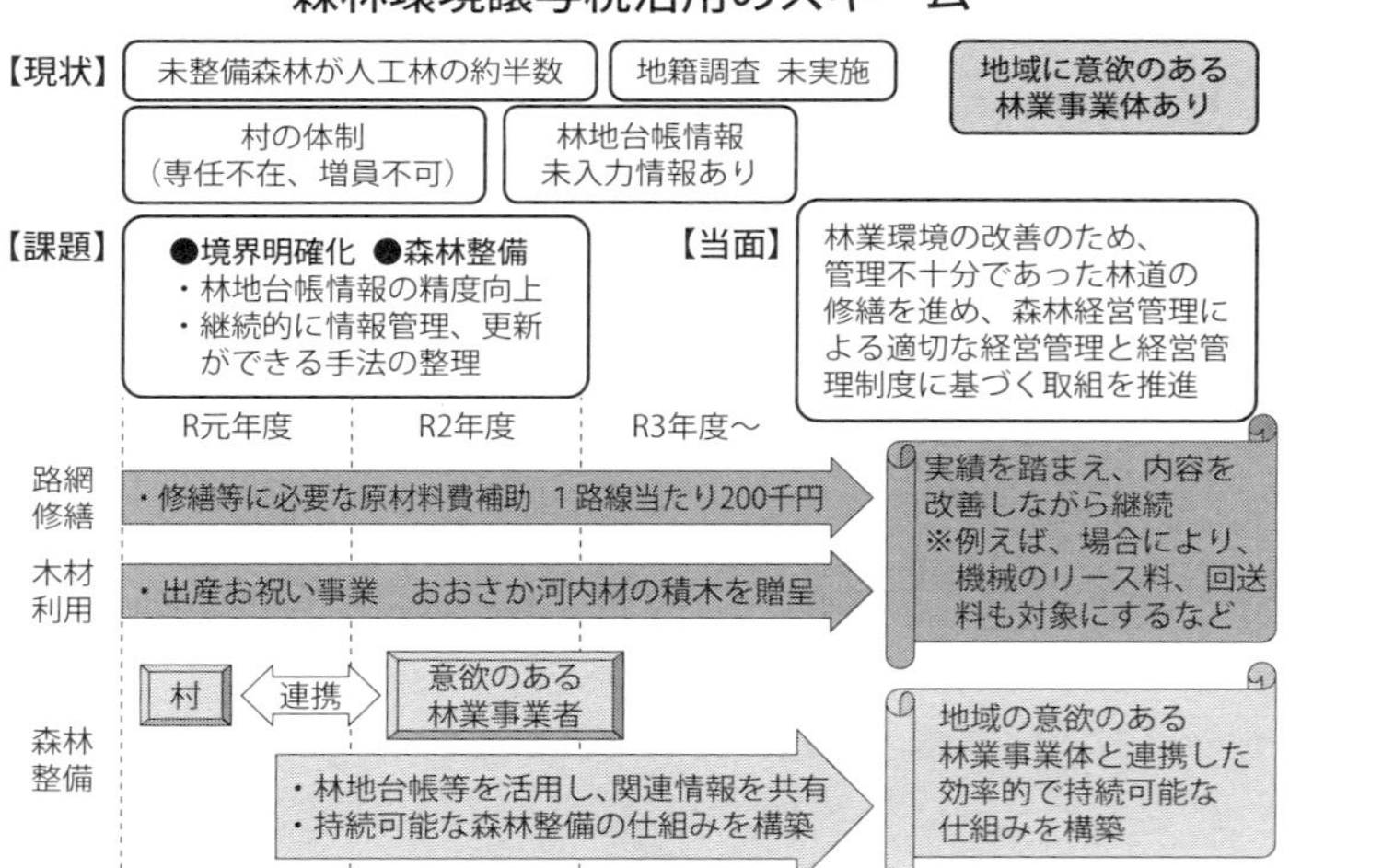

図４　森林環境譲与税活用のスキーム

おわりに

森林環境譲与税については、地方公共団体金融機構の金利変動準備金を活用することにより段階的に増額される予定が大幅に前倒しされ、２０２０（令和２）年度には当初予定の倍額、２０２４（令和６）年度には全額譲与されることになりました。これに合わせて本村でも、林道修繕とともに、森林経営管理制度に基づく間伐等の森林整備に早急に取り組む必要があります。このため、２０２０（令和２）年度補正予算で、森林環境譲与税を活用し、これまで未整備のまま放置されてきた森林の間伐を進めるための補助事業を新たに実施することとしました。

しかしながら、本村と同様に多くの市町村では森林経営管理制度のために担当職員を配置することは困難で、現在の職員体制のまま対応せざるを得ない状況ではないかと思います。このような体制でも対応できる仕組みが必要となりますが、本村においては、①地域の森林の現況を最も熟知している意欲のある林業事業体との連携、②地域の実態に即した必要最小限の人員で対応できる効率的かつ持続可能な仕組みが不可欠だと考えています。

引き続き、新規事業と既存の補助事業を一体的・継続的に実施するとともに、林業事業体と連携を図りながら、地域の実態に即した仕組みを構築し、森林環境税創設の目的である地球温暖化防止機能、災害防止・国土保全機能、水源涵養機能など森林の公益的機能の発揮とともに、金剛山を中心とする村内森林の景観向上にもつながるような森林整備の取り組みを進めていきたいと考えています。

兵庫県養父（やぶ）市

森林経営管理制度に基づく間伐の実施と自伐型林業の普及・推進

兵庫県養父市産業環境部林業活性化センター主査
中尾　秀幸

養父市の概要と林業施策

養父市は兵庫県北部、但馬地域の中央部に位置し、西部には県下最高峰の氷ノ山を中心とした１０００ｍを超える山岳高原地帯が広がります。気候は日本海側気候に属し、冬季は北西からの季節風が吹き、積雪量の多い地域です。

本市は、２００４（平成16）年に旧八鹿町、旧養父町、旧大屋町、旧関宮町の４町が合併し

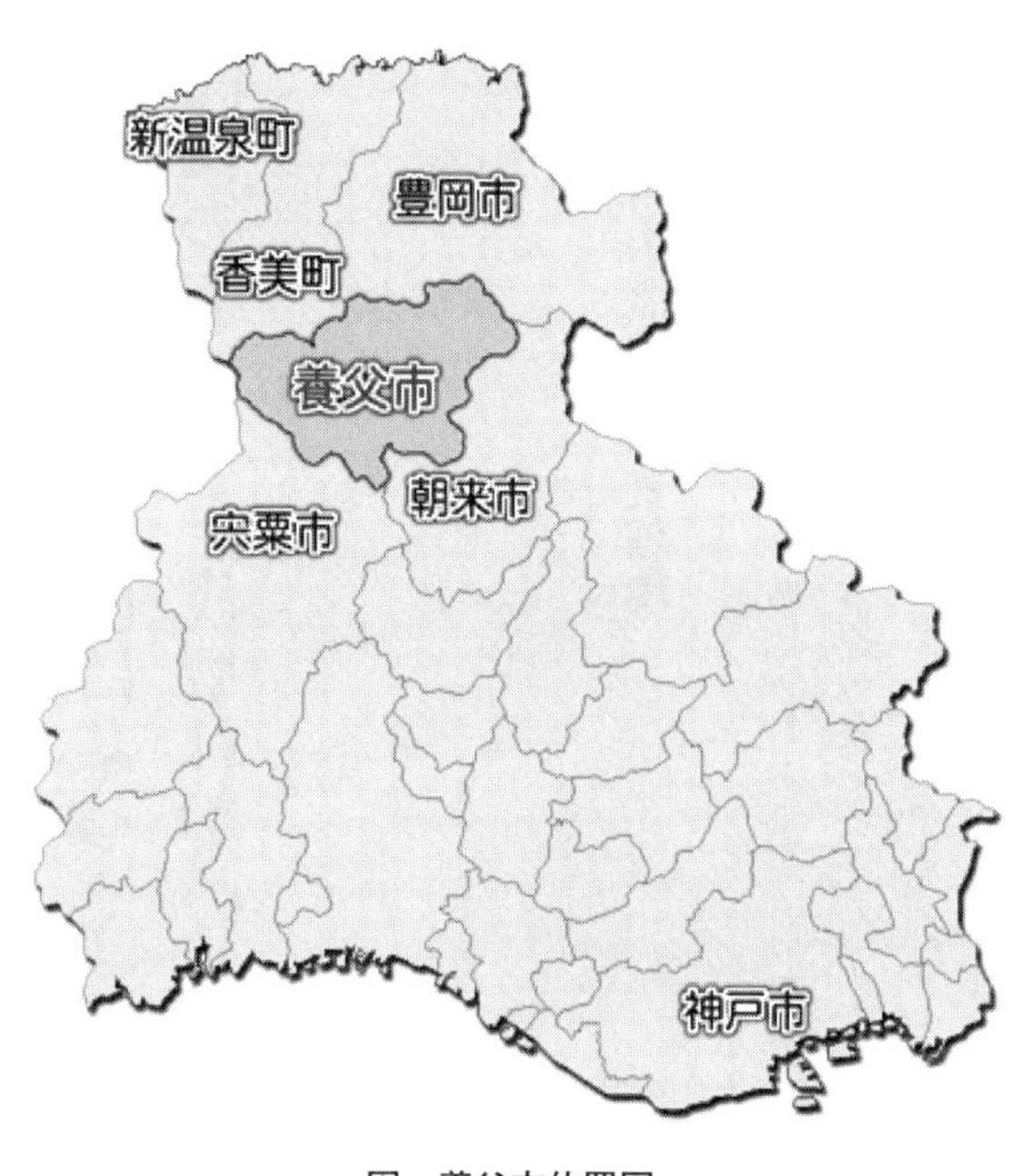

図　養父市位置図

誕生しました。また、２０１４（平成26）年には中山間地農業の改革拠点として「国家戦略特区」に指定され、農地の流動化や農業生産法人の要件緩和などにより６次産業化を進め、農業関連の雇用創出による地域の活性化を図っています。

市の総面積４万２２９１haのうち森林面積は３万５５９４ha（森林率84％）、人工林面積は２万９８８haにのぼり、10〜13齢級の人工林が５割を占め、本格的な利用期を迎えています。

一方で、過疎化・少子高齢化

が進み、相続に伴う所有権の移転登記がなされず、所有者が不明となってしまう森林が増加しており、適正な管理が行われずに荒廃していく森林も年々増加している状況です。

そのため、本市では２０１９（平成31）年４月に施行された森林経営管理制度を積極的に活用し、適正な管理のなされていない人工林の所有者を対象に森林管理意向調査を実施し、市による経営管理を希望する所有者からは経営管理権を取得し、私有林の公的管理を実施していくこととしました。

養父市林業活性化センターの設置

森林経営管理法の施行に先立ち、２０１８（平成30）年度当初から県農林振興事務所及び市森林組合の３者の実務担当者レベルで会議を重ね、森林経営管理制度に基づく業務の執行体制や森林環境譲与税の使途について協議を行ってきました。結果、２０１９（令和元）年７月、市産業環境部内に森林管理意向調査や経営管理集積計画を作成し、森林の集約化を図る組織として「養父市林業活性化センター」を新たに設置する運びとなりました。

センターの職員として森林環境譲与税を活用し、非常勤嘱託職員と常勤の臨時職員をそれぞれ1名雇用し、また、市森林組合とは人材の派遣に関する協定を締結し、職員1名を非常勤職員として派遣していただくことになりました。現在、市正規職員2名と合わせ、計5名体制でセンターを運営しています。

センターでは、意向調査の結果を基に現地を確認した上で森林を集約化し、経営管理に適した森林（経済林）と経営管理に適さない森林（非経済林）に分け、前者については、経営管理権を取得せず、意向調査結果などの情報を提供することで、林業事業体に管理を斡旋することとし、後者についてのみ、市が森林所有者から経営管理権を取得した上で、森林環境譲与税を活用した経営管理を実施していくこととしています。

意向調査の実施については、行政区ごとに取り組むこととしており、森林組合から森林の施業履歴等の情報を提供いただき、センター職員で対象地区を選定しています。

まずは、地区の区長さんや山林委員さんに事前説明を行った上で対象となる森林所有者にお集まりいただき、「意向調査説明会」を実施した上で意向調査票と返信用封筒をお渡しし、回答を郵送していただくようにしています。また、遠方にお住まいの所有者については、調査票と返信用封筒を同封し郵送しています。

意向調査の対象者については、森林経営計画が策定されていない森林で、かつ10年以内の施

養父市林業活性化センターの開所式

森林経営管理事業で保育間伐を実施。組合に間伐整備の要望があった10年以内の施業履歴がない森林を対象とした

業履歴のない人工林（スギ・ヒノキ林）の所有者全員としています。

２０１９（令和元）年度の森林経営管理事業については、意向調査を実施して集約化作業を行ってからの業務発注では、今年度（２０２０（令和２）年度）中の間伐実施が工期的に困難であると判断しました。

そこで市森林組合と連携し、組合に間伐整備の要望があった10年以内の施業履歴がない森林の所有者を対象に、組合職員と個別訪問により制度の説明を行い、経営管理権集積計画作成申出書の提出を依頼しました。その上で経営管理権集積計画を作成し、結果、１２７haの経営管理権を取得し、そのうち87haで保育間伐を実施しました。

自伐型林業の普及・推進

本市では２０１８（平成30）年度から林業の多様な担い手の育成と中山間地域における新たな就業モデルを創出するため、「ＮＰＯ法人持続可能な環境共生林業を実現する自伐型林業推進協会」に林業初心者を対象にした研修を委託し、「自伐型林業研修」を実施しています。近畿北部では珍しい取り組みであることや講師陣が著名な林業家であることもあり、２０１９（令和元）年度は市内外や他府県から30名の受講生が集まりました。

研修内容は、チェーンソーの取り扱い講習が２日間、伐倒・造材研修が２日間、集材・搬出研修が２日間、作業道開設研修が２日間の計８日間で、研修の合間には自伐型林業推進協会の中嶋代表理事による個別の経営相談を併せて実施しました。

２０１９（令和元）年度は、研修受講生の中で３組の自伐型林業グループが結成され、２０２０（令和２）年度から市内の森林において森林・山村多面的機能発揮対策交付金や県民緑税の補助事業を活用しながら搬出間伐を実施する計画です。

市としてはこのような活動に対し、①作業道の開設補助金や、②作業道の開設に必要なバックホウや搬出に必要な林内作業車等の林業機械レンタル補助金による経済的な支援、さらに③新たな事業地の斡旋などを行うことで支援していく考えです。

森林の状況や地形的要件により、森林組合等が高性能林業機械を使用し実施する生産性の高い林業と、自伐型林業グループ等が実施する低コスト循環型林業のケースバイケースで事業地を配分することで、経済林となる森林も増加し、より多くの所有者に搬出間伐により利益が還元できるシステムが構築できるものと考えています。

また、地域おこし協力隊として自伐型林業を実践していただける担い手を広く募集し、地縁

チェーンソーの取り扱い講習風景

作業道開設研修風景

のない担い手に一定規模の活動地を確保できるよう活動地を斡旋するなどの支援を行い、移住・定住へとつなげていく取り組みを進めていく方針です。

今後の予定と課題

本市では2033（令和15）年度までに市内全域で意向調査を実施し、並行して経営管理権を取得した森林について経営管理事業を行っていく計画ですが、管理権を取得した森林の管理方針について一定の基準を定める必要があると感じています。

当然ながら森林所有者の意向が最も重要ですが、市の森林整備計画にある公益的機能のゾーニングとも照らし合わせ、①計画的な間伐を繰り返し、大径木化を図っていく森林、②樹冠長率が著しく低下し成長の見込めない林分を択伐し、複層林へ誘導していく森林、③部分的に皆伐し、広葉樹との混交林へと誘導していく森林など、新たなゾーニングを行い、それぞれの管理方針に応じて経営管理権の存続期間を設定していくことが望ましいと考え、センター内部で協議を行っています。ただ、再造林については、シカの食害による苗木被害のリスクがあるため、慎重にならざるを得ない状況です。

　また、森林の整備に当たっては、まず森林所有者と境界の確定が必要となりますが、登記簿情報や森林簿情報だけでは所有者の確定は困難で、調査には相当の労力が必要です。課税情報を活用できるようになれば、かなりの労力が低減できると考えますが、保安林指定がなされている場合は非課税となるため、課税情報も更新されていない可能性があり万全とはいえません。市では森林経営管理法の特例である「みなし同意」を活用しながら、経営管理権の取得に努めていきたいと考えています。

　本市の地籍調査の進捗率は25%（2018（平成30）年度末）で、調査を早急に進めて行く必要がありますが、現実的には相当な時間を要するものと考えます。ただ、地籍調査では地番の分合筆がなされるため、境界が確定するという大きなメリットはありますが、既存の森林簿情報とは全く整合しないものになってしまい、事務が煩雑になってしまうといったデメリットもあります。

本市では経営管理権を取得する山林において収益間伐を行わない方針としているため、集約化した森林の外縁部の境界さえ判明していれば、その中に所在する個々の森林の境界は不明確であっても、森林所有者全員の同意を取得することでトラブルは生じないものと考え、経営管理権の取得を進めていく方針です。

静岡県

林業が盛んでない市町もサポート

森林組合連合会のサポートによる意向調査等の実施

静岡県森林組合連合会環境税推進室室長
長岡　正人

環境税推進室の設置

静岡県森林組合連合会（静岡県森連、以下「本会」という）は、静岡県内20の森林組合の事業を支援することを主目的として1941（昭和16）年に設立した組織です。

今回、森林環境税、森林環境譲与税、森林経営管理法という新しい制度が始まったこともあり、静岡県内における「森林整備及びその促進」にも率先して取り組もうということになり、

２０１８（平成30）年7月に「環境税推進室」を設置し、専従1名により事業推進を開始しました。

ここでは、新しい制度による事業を「提案する側」、事業の「実務を行う側」の立場からの取り組み状況、進捗状況について紹介します。

当初の取り組み

環境税推進室を設置した２０１８（平成30）年度の半年間は、譲与税の使途が森林整備、人材育成、木材利用、普及啓発とおおまかに示されながらも市町ごとにどのように活用するかも明確でない状況の中、県内35の市町すべてに譲与されること、うち9市町には森林所有者の自発的な組織である森林組合が存在しないこと、市町によっては林務担当部署の体制が十分でないことなどから、「森林整備及びその促進」を図るため、譲与税の使途や森林経営管理制度（以下「新たな森林管理システム」という）の実施に関する普及啓発や提案を各市町に行いました。

これらの提案、助言を行うに当たり留意したことは、譲与税の年1回の使途公表を踏まえ、「市民に理解される、森林の公益的機能を発揮するための事業である」点です。

森林環境税については広く国民から納付されること、２０２４（令和6）年から徴収が始まることから、一部の森林所有者だけではなく、広く市民に事業の恩恵がもたらされることを主眼に置いた事業とは何かを考え、市町の実情に応じて「新たな森林管理システム」に限らず、「主要道路沿いでの被災時に想定される支障木の早期伐採によるインフラの維持」や「学校等施設への経路周辺に被覆した立木の伐採による地域防犯」など、様々な森林整備の効果を想定し、提案を行いました。

また、当初取り組む事業の場所についても、市民への周知、理解を得やすいよう、事業開始当初にはいわゆる奥山よりも里山をできる限り対象とすることとしました。

特に林業が盛んでない市町においては、このような譲与税の使途としての新しい森林整備に関する事業の組み立てを行うことは実質的には困難であり、実務面でのサポートを求められたことから当初は本会がその役割を担うことになりました。

なお、森林組合の存在する市町においては、地域の実情を最もよく知っているのは地元の森林組合であることを踏まえ、森林組合が要望する譲与税の使途としての森林整備に関する事業を20組合から聞き取り、市町が具現化するための助言、後方支援を行いました。

表１　令和元年度「新たな森林管理システム」受託数

実施メニュー	静岡県森連が受託	森林組合が受託
全体計画の立案	６市町	２市町
意向調査の実施※	６市町	２市町
※うち経営管理権集積計画案の作成	（２市町）	（１市町）
計	12市町	４市町

「新たな森林管理システム」の実施

２０１８（平成30）年度の準備期間を経て、２０１９（令和元）年度には表１のとおり、県内12の市町からは本会が、また４市町からは地元の森林組合が受託し、「新たな森林管理システム」を実施することとなりました。ここでは本会が受託した12市町の取り組みについて紹介します。

12の市町は各々に森林を取り巻く状況が違うことから、森林面積の大小や人工林率の高低、地元に根差した森林整備者の有無、林務担当者の人数など、市町の実情に応じて「新たな森林管理システム」のどの工程に着手するか、ニーズを踏まえて提案を行いました。うち６市町は全体計画の立案を、６市町は意向調査を実施し、意向調査を実施したうち２市町ではモデルケースとして経営管理権集積計画の立案も同時に実施しました。

全体計画の立案

6市町については、2019（令和元）年度に「新たな森林管理システム」を市町全体で実施する計画について立案しました。その理由としては、市町への普及啓発を行う中で林務担当者から「『新たな森林管理システム』に取り組みたいが、市内のどこから始めたら良いかわからない」「経営管理意向調査を始めたい場所はおよそ決まっているが、明確な根拠となる資料や裏付けがない」「市内全域で実施したら、一巡するまでおよそ何年かかり、いくら必要か、どのように進めたら良いかを具体的に知りたい」などの声が多くあったためです。

なお、全体計画については、林野庁の「森林経営管理制度に係る事務の手引」では「Step1地域の実情を踏まえた意向調査の対象森林の設定」に当たるもので、立案の手順については以下のとおりです。

最初に市町の民有林全体から、自発的な森林の経営管理を持続的に行っている森林（森林経営計画や森林認証取得済森林など）、県の特別税により整備を緊急的に実施することを規定している森林、直近10年程度で整備を実施している森林などを対象から除外する工程を経て、「新たな森林管理システム」の対象森林を図表により明示します。

次に、市町ごとの譲与税の額や、想定される森林整備の積み増し量を基に、対象森林を何年かけて整備してゆくか、また年度ごとにどの場所をどのような工程で進めてゆくかを図1のような実施イメージで示します。

さらに本会独自の提案を加味します。まず1点目は、森林整備者の今後の動向です。

森林所有者の自発的な経営管理の状況や森林整備の履歴は森林簿等で明らかになりますが、「現行制度等を活用し、森林整備を自発的にまたは整備者の合意形成活動で実施することが今後想定される区域」は明示されておらず、森林整備者へのヒアリングを行うことにより把握します。例として、所有者当たりの面積が比較的大きい奥山や、既に森林の経営管理を行っている場所に隣接し、今後一体整備が見込まれる場所などは「新たな森林管理システム」の対象から除外し、結果として現行制度と「新たな森林管理システム」での両面から「森林整備の更なる促進」を図ることを計画します。

2点目は、想定される直近での森林整備の積み増し可能量の把握です。当初の取り組みで把握した状況として、森林整備者の大半は既に可能な限り最大限の整備を行っています。本会では想定される森林整備者へ「直近現状でどのくらい整備量の増加が見込めるか」をヒアリングしています。静岡県では、全国的な状況と同じく資源の循環利用を目的とした素材生産量の増

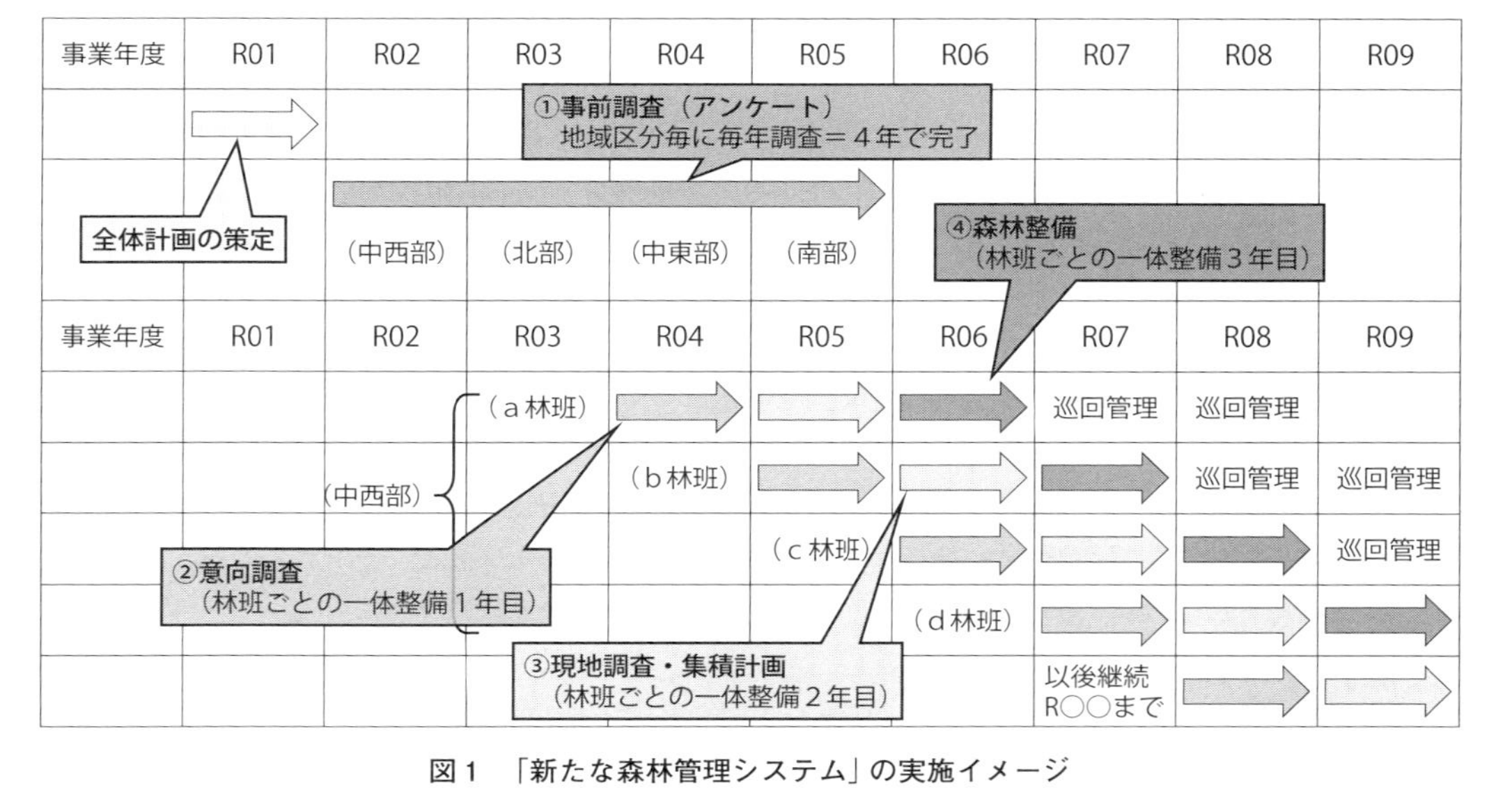

図１　「新たな森林管理システム」の実施イメージ

加が進んでおり、「現行制度での素材生産を更に増大するという事業展開は既に行っているが、素材生産の間隙で環境林整備（捨伐間伐等）を行うことは可能」「年度当初の時期であれば取り組むことができる。結果として整備量の年間での平準化、年間稼働率の底上げを図ることが可能」などの回答により、実施イメージで描いた森林整備量の増加が現実的なものであることを裏付けます。

３点目は「ハザードマップの反映」です。譲与税関連事業が公益的な効果を求められていること、また、譲与税が２０１９（令和元）年12月に災害防止・国土保全機能強化等の観点から増額となったことから、「新たな森林管理システム」対象森林の絞り込み、優先順位づけにハザードマップの情報も加味します。

これらの分析を基に全体計画を立案し、経営管理意向調査に着手します。なお、立案成果はその後の経営管理意向調査の指針となるものにとどまらず、議会等での譲与税の使途、計画、手順の説明資料などにも活用されています。

経営管理意向調査の実施

前項の全体計画に基づき経営管理意向調査（以下「意向調査」という）を実施します。２０１９（令和元）年度から本会が受託して意向調査を実施している6市町は、既に前年度に全体計画を策定しているか、モデル的に対象地を選定して行うかのいずれかに当たります。

意向調査については市町によって2つのケースに分類されます。１つ目は、森林所有者の経営管理の「今後の見通しを把握する」もの、２つ目は森林所有者が市町へ森林の経営管理を「委託する意思表明を得る」ものです。

１つ目の「今後の見通しを把握する」調査については本会では「事前調査」として市町に提案しています。２０１７（平成29）年度に運用が開始された林地台帳制度においては、これまでになかった森林簿情報と登記情報、森林に関する地図情報がリンクし、森林の状況を一元的に管理できることとなりましたが、その一方で「森林所有者の森林の経営管理の意向に関する情報」はありませんでした。経営管理の集積においては森林所有者の意思が最優先されるため、この調査により、今後の森林の経営管理の見通しの意向別に色付けした地図を作成し、経営管理の集積（施業集約化）が図れると思われる場所を選定し、後の工程に進みます。

また、昨今の気象災害等による森林の被災と迅速な復旧には、林地台帳上の「現に所有している者・所有者とみなされる者の情報」が重要であり、この情報を事前調査で得ることにより災害防止・国土保全機能強化に役立てようという目的もあります。

２つ目の「委託する意思表明を得る」調査については、主に２０１９（令和元）年度にモデル的に対象森林を選定した市町で実施しています。現状では、森林も財産であることから森林の経営管理を受託することの是非について議論している市町も多くあり、明確に「受託する」と決定した市町ではこの調査を行っています。

いずれにしても意向調査については市町ごとの独自性が反映されます。本会では意向調査を森林整備につなげるために、「回答率の向上」と「新たな森林管理システムの紹介」を軸とし、また、地域の実情や市町の方針も加味した案内文書を提案し、これをベースに市町の林務担当者と議論を交えて意向調査の様式を作り上げています。具体的な提案の一例については次のとおりです（図2参照）。

●選択式回答を多く、先に。記述式回答を少なく、後に。
●文字を大きく、できる限り1枚（両面）にまとめる。
●送返信の封筒は市町のものを使用し、森林所有者の信頼を得る。

■■■■へ返信　　　　　　　　　　　　　　　　　　　　　　通番 T053

森林の経営管理に関するアンケート（意向調査・回収用紙）

皆様が所有、または共有している対象地区内の森林の経営管理についての現況と見通し等について、下記の質問にご回答をお願いします。設問は全5問です。

記入頂く方は森林所有者（本人）のほか、代理の方（相続者、管理者等）でも結構です。

1．対象地区内の森林の所有状況について、あてはまる記号に全て○をつけて下さい。

イ）自分の所有する（または共有する）森林がある。
ロ）自分の所有ではないが、相続等により実質的に所有している森林がある。
ハ）売却、譲渡等を行っており、既に自分の森林ではない。
ニ）この区域内には自分の所有する森林は無いはずである。
ホ）森林があるかどうか、わからない（知りたい）。

2．対象地区内の森林の場所について、あてはまる記号に全て○をつけて下さい。

イ）森林の場所は、自分が知っている。
ロ）森林の場所は、自分以外の人が知っている。
ハ）森林の場所が、現在わからない。

3．対象地区内の森林の境界について、あてはまる記号に全て○をつけて下さい。
この質問で「目印となるもの」とは、現地森林における
境界木への印（屋号等）、特殊な境界木の存在、防火帯の設置等を指します。

イ）森林の境界を、自分が知っている。
ロ）森林の境界を、自分以外の人が知っている。
ハ）森林の境界は、現在わからない。
ニ）境界の目印となるものが（　ある　・　ない　）
ホ）境界の目印となるものを、定期的に確認して（　いる　・　いない　）

→引き続き、裏面の項目にご回答をお願いします。

図２　意向調査の文面例（表面）

4. 対象地区内の**森林の整備状況**について、あてはまる記号に全て○をつけて下さい。
この質問で「森林の整備」とは、植栽、下刈り、枝打ち、伐採等の作業を指します。

また、「森林整備を行う他者」とは、第三者の管理人（個人）、民間事業者、森林組合等を指します。

イ）現在、森林の整備を「自分、もしくは自分の親族」が行っている。

ロ）現在、森林の整備を「森林整備を行う他者」に依頼している。

ハ）森林の整備は、現在行っていない。他者にも依頼していない。

ニ）森林の整備は、（約　　　　）年前に行ったと記憶している。

ホ）森林の整備をいつ行ったか、わからない（知りたい）。

5. 対象地区内の**今後の森林の経営、管理**について、あてはまる記号に○をつけて下さい。
この質問で「森林の経営、管理」とは、森林経営管理法第三条にある、森林所有者が「適時に森林の伐採、造林及び保育を実施すること」を指します。

イ）森林の経営管理は「自分、もしくは自分の親族」が行う予定である。

ロ）森林の経営管理は「森林整備を行う他者」に依頼（委託）する予定である。

（委託する予定先を記入して下さい。＿＿＿＿＿＿＿＿＿＿＿＿）

ハ）森林の経営管理を「森林整備を行う他者」に依頼（委託）したいが、

誰に頼めば良いのかわからない。または誰に頼むか検討中である。

ニ）森林の経営管理を■■役場に依頼（委託）できるならば、検討してみたい。

■■役場への森林の経営管理の委託については、町が審査した結果、森林の状況等により受託できない場合や、森林整備を行う他者を紹介することに替える場合があります。

今後、■■役場からの森林の整備や管理に関する情報提供や説明会の開催案内などの為、下記についてご記入下さい。■■個人情報保護条例等に基づき、適切に管理致します。

記入者住所	〒■■■
記入者氏名 （続柄）	■■■　長男　（本人・代理等）
連絡先 （電話番号）	■■■

アンケートは以上です。ご協力ありがとうございました。
同封の返信用封筒に封入し、郵送にてご送付をお願いします。
→この裏面（表面）にもアンケート項目があります。記入されているかご確認下さい。

図２　意向調査の文面例（裏面）

●意向調査の一連の工程に森林所有者の費用負担はないことを明記。
また、意向調査の実施期間中には地元説明会も開催します。説明会では全体説明に引き続き、意向調査内容の解説と回答用紙への記入、その場での回収も行います。また、意向調査の設問では対応しきれない森林所有者からの要望や相談について、全体説明の終了後に引き続き個別相談会を実施しています。個別相談の応対には市町林務担当者、本会だけでなく、静岡県森林・林業局や各地域の県農林事務所の担当者、県の市町村支援の一環として派遣される地域林政アドバイザーなどが支援に当たります。

結果として、意向調査の回答率については最も高い市町で8割強となり、様々な工夫や配慮をすることが有効であったと思われます。また、森林所有者の今後の経営管理の見通しについては「市町へ森林を委託したい」との回答が8割という地域もあり、森林所有者の「新たな森林管理システム」への期待が大きいことがうかがえます。

当面の課題と今後の展望

意向調査の結果を踏まえ、前述のとおり2つの市町では現地調査（森林の現況調査）と集積計

地元説明会で個別相談を行っている様子。森林計画図と航空写真により、自分の所有する森林の位置がわからない所有者に説明する

画案の作成を２０１９（令和元）年度に実施しました。本会ではＵＡＶ（ドローン）と地上レーザーを組み合わせた手法で現地調査を実施し、効率化と省力化を図ります。また、森林所有者には調査結果を視覚的に示すことができることから、所有する森林に対して関心を持ってもらうことができると考えています。

　また、今後多くの市町が「新たな森林管理システム」による森林整備と巡回等による適切な森林の維持管理に取り組むことになると思われます。森林組合をはじめとする林業経営者と連携を取りながら、森林整備が着実に増加するよう調整を図ることが本会の次の課題であると考えています。意向調査、現地調査はあくまでその前段、準備の工程ですが、市町が森林所有者から財産である森林を預かるということもあり、丁寧で正確な手続きの実施が求められます。

環境税推進室では2019(令和元)年9月に1名増員して市町からのニーズに対応してきましたが、2020(令和2)年4月には5名体制とし、意向調査、現地調査の急増に臨みます。2019(令和元)年度の受託実績を踏まえ、2020(令和2)年度に新規で「新たな森林管理システム」に取り組みたい、本会に委託したいという市町も多くあることから、実務面において、森林所有者と市町と森林整備者とをつなぐコーディネーターとしてなお一層の信頼を得られるよう、静岡県森連はこれからも「新たな森林管理システム」を主とした譲与税関連事業に積極的に取り組みます。

事例編２

人材育成・担い手の確保

山梨県都留市

木材の利用促進や山林を活用した事業の推進 林業に係る人材育成・担い手対策等のため「森の学校」を開催

山梨県都留市産業建設部産業課農林振興担当副主査
後藤　孝

都留市の概要及び市内山林の状況について

都留市は山梨県の東部に位置しており、「新・花の百名山」に選ばれた三ツ峠山、二十六夜山等、それぞれ個性のある山々に囲まれた豊かな緑と、「平成の名水百選」に選ばれた清らかな水のあふれる自然環境に恵まれた城下町の面影を残す小都市です。

現在は、リニアモーターカー実験線の拠点基地があることで知られるとともに、人口３万人規模の都市では全国でも数少ない「公立大学法人 都留文科大学」を擁していることに加えて「健康科学大学 看護学部」及び「山梨県立産業技術短期大学校 都留キャンパス」、という高等教育機関が揃っており、全国各地から数多くの学生たちが集い、日々、研鑽に励んでいます。また、恵まれた自然資源を生かし、市内の農林漁業の振興を図る起爆剤として、農林産物直売所、レストラン及びイベント広場等を備えた「道の駅つる」が２０１６（平成28）年11月にオープンしており、当該施設を地域交流・観光拠点と位置付け、人が集い、市内を周遊することによる地域活性化を図るとともに、生産者の所得向上、高収益作物の導入、担い手不足及び遊休農地の解消等に向けた取り組みを推進することで、第一次産業を中心とした特色あふれる産業を振興しています。

市内の森林面積は1万３６３３haであり、総面積の約84％を占めており、このうち、民有林面積は６６７６ha、民有林のうち人工林面積は４４１１haで、民有林の人工林面積は約66％となっています。

民有林における人工林を齢級別に見ると、８齢級（36年生以上）以上の人工林が約93％を占めており、人工林の大部分が利用時期を迎えている状況であるため、高齢級間伐を早急かつ計画的に実施していくことが必要です。

さらに、本市の林家は、保有形態が小規模で分散しているため、個々の所有者が単独で効率的な森林施業を実施することが難しく、林業採算性の悪化により、後継者不足及び林業労働者の高齢化が急速に進行していることに加えて、森林所有者の高齢化、不在村化の進行及び相続に伴う所有者不明森林の増加等により、管理放棄される森林が増加傾向にあり、森林の持つ公益的機能の低下も懸念されています。

森林環境譲与税を活用した3つの取り組み

2019（平成31）年4月1日森林環境税及び森林環境譲与税に関する法律が施行され、森林の荒廃等が進行する各市町村に対して、安定的な財源が確保されることとなったことを踏まえて、森林に係る各種の課題を抱えていた本市としては、将来の森林のあるべき姿やそれを目指したビジョンを持ち、森林が機能として持っている水源の涵養、災害の防止、生物多様性の保存及び木材等の生産等といった多面的な機能と恩恵を後世の世代と等しく享受できるように

～森林環境譲与税活用の方向性　概念図～

国

目的（国）
　パリ協定の枠組み下における温室効果ガス排出削減目標の達成、災害防止等を図るため、森林整備等に必要な地方財源を安定的に確保する。

使途（森林環境税及び森林環境譲与税に関する法律　第34条（森林環境譲与税の使途））
○森林の整備に関する施策
○森林の整備を担うべき人材の育成及び確保
○森林の有する公益的機能に関する普及啓発
○木材利用（建築材料、工作物の資材、製品の原材料、エネルギー源）の促進
○その他の森林の整備の促進に関すること。

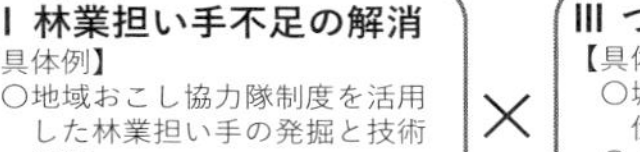
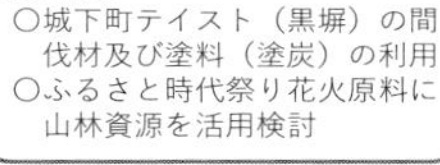

都留市

施策

Ⅰ都市部向け環境教育の充実
【具体例】
○宝の山での受入プログラムの充実と都市部へのＰＲ
○その他民間等による環境プログラム開発等への連携・協力

×

Ⅱ 林業担い手不足の解消
【具体例】
○地域おこし協力隊制度を活用した林業担い手の発掘と技術習得
○甲斐東部材の利用拡大

×

Ⅲ つる観光とのマッチング
【具体例】
○城下町テイスト（黒塀）の間伐材及び塗料（塗炭）の利用
○ふるさと時代祭り花火原料に山林資源を活用検討

効果

○森林の健全化、里山の復活、有害鳥獣の被害減少、防災・減災（セーフコミュニティの推進）
○都市部からの交流人口の増加、着地型観光の推進
○景観整備、シビックプライドの醸成、住民のヒーリング効果
○移住・定住
○間伐材を含む木材の需要拡大

図　森林環境譲与税活用の方向性概念図

努めていくものとし、森林環境譲与税を有効に活用した取り組みを強力に推進していくこととしました。

取り組みの方向性としては、「観光施策とのマッチング」、「都市部向け環境教育の充実」、「林業の担い手不足の解消」の3つを施策の柱として、森林の健全化、里山の復活による有害鳥獣被害の抑制、防災・減災、都市部からの交流人口の増加、景観整備によるシビックプライド（地元への郷土愛、当事者意識、自負心）の醸成及び間伐材を含む木材の需要拡大という効果を最大限に得られるような仕組みの構築を目指しました。

観光施策とのマッチング―黒塀塗炭

まず、「観光施策とのマッチング」についてですが、本市の中心部である谷村地域（川棚地内）に所在する勝山城趾からは豊臣系大名の浅野氏時代の居館や屋敷地の遺構が検出されており、当時、城下町が形成されていた可能性があることから、「富士の麓の小さな城下町」をキーワードに本市の観光戦略を推進するに当たり、富士山・富士五湖エリアの観光客の取り込み及び市民参加型観光を事業の方向性として位置付け、「谷村城下町テイスト黒塀塗炭事業」を実施することとしました。

黒塀塗炭とは、地域産の間伐材を利用し、地域産の孟宗竹を原料とした塗炭で着色したもので、庁舎周辺及び隣接する谷村第一小学校のフェンス等の一部に添架していくことで当時の城下町としての趣を演出し、子供たちへの郷土教育やシビックプライドの醸成に資するための取り組みです。

地域内の甲斐東部材産地形成事業協同組合から市内間伐材を調達し、市内製材所及び塗料生産業者による製品加工、市内建設業者による施工を実施しており、木を切る、木を活用する、木を植えるというサイクルで森林を中心とした循環型社会の構築に資するものであり、２０２０（令和２）年度以降についても継続して実施していくこととしています。

都市部向け環境教育の充実

次に「都市部向け環境教育の充実」についてですが、もともと本市の宝地域には、自然を満喫できる各種プログラムの体験が可能な観光施設「宝の山ふれあいの里」があり、子供たちへの森林環境教育を実施しています。

そのプログラムの有益性は公益社団法人国土緑化推進機構にも認められており、他県の市町村が森林環境教育の普及手法、安全管理及び企画立案等に興味を示し、視察に訪れるほどでしたが、2020（令和2）年度から実施される新学習指導要領では主体的・対話的で深い学び（アクティブラーニング）の視点からの授業改善が重要視されているため、今まで蓄積してきたノウハウを生かし、内容をさらに拡充させた森林環境譲与税を活用した森林環境教育プログラムを提供していくことを目的に「レーザーカッター」を導入しました。

レーザーカッターは、素材を正確に切断し、思いどおりの作品を制作することが可能なため、子供たちがデザインしたものが、そのまま木材で表現されることになり、好奇心旺盛な子供たちの制作意欲をかきたてるだけでなく、創造性の育成にも寄与し、間伐材の有効活用、森林の多面的機能の助長及び環境意識の向上も期待されています。

また、案内看板等の公共サインの木質化も視野に入れており、デザイン等を統一化することで周辺環境への配慮や景観意識の向上にもつなげていきたいと考えています。

林業の担い手不足解消──「森の学校」を開催

「林業の担い手不足の解消」については冒頭でも説明したとおり、本市では林業従事者及び森林管理者等の人材不足が深刻化しています。その対応策としては、木材の利用促進や市内山林を活用した事業展開を積極的に推進していくために必須となる林業の担い手の育成・確保を図るため、「森の学校」を開催することとしました。

本事業は、市内山林の現状と整備の必要性を幅広く周知するとともに、地域森林の担い手として必要な知識及び技術等の指導を行うことにより、市民の森林に対する意識向上を図り、将来の林業の担い手の育成・確保や森林整備・木材利用の促進による森林の活性化と、本事業で学んだ受講生が地域林業の担い手として森林整備に関わり、地域に定着していくことを目的として実施しています。

「森の学校」を受講できる方の条件を都留市在住、もしくは将来都留市に移住を検討されている18～70歳までの男女として、定員は20名に設定したところ、定員を超える応募がありました。

２０１９（令和元）年7月から２０２０（令和2）年3月までを受講期間として、受講生が参加しやすいように同プログラムを隔週で2回、原則日曜日に実施することとし、受講料は無料としていますが、山林内での現地実習があるため、保険料として1講義当たり３００円程度の実費負担としました。

事業実施主体は都留市ですが、本市内に事務所があり、市内の山林及び林業の状況を熟知し、また、森林整備に関する専門的な知識及び技術を有し、さらに、それらをプログラムを通じて受講生に伝えることができる体制が整備されていることを踏まえて、「南都留森林組合」に運営管理業務を委託することとしました。

講義内容は、最初に森づくりの考え方、目的と手段、一連の流れ等の概要的な講義から始まり、チェーンソーや刈払機の取り扱い方法、下刈り、間伐、枝打ち、つる切り等の各種作業、歩道整備、植栽及び境界調査等の進め方等の専門性の高い部分の講義も実施しており、基本的には前半に座学による学習、後半に市内山林に移動しての現地実習という組み立てで、前半の座学で学習した内容を後半の現地実習の中ですぐに実践できるようにしています。

また、通常講義とは別に、チェーンソー資格講習会、刈払機資格講習会及び野生鳥獣の防除の仕方と捕獲に係るルール等の獣害対策に特化した特別講義も用意しており、全講義の8割以上を受講した受講生に対しては、修了証を発行することで受講へのモチベーション維持につなげるための工夫も行っています。

各講義の終了後には、受講生から振り返りシートの提出をお願いしており、気づいたことや

座学風景（グループワーク）

座学風景（機械の取り扱い）

もっと聞きたかったこと等を把握に努めることで、次回の講義への反映等による講義内容の改善を続けています。

本事業は受講生からの評判も良く、２０２０（令和２）年度も継続して実施することとしており、２０１９（令和元）年度と同内容の基本コースと併せて、基本コースを修了した令和元年度受講生向けには、より専門性が高い応用編的な位置付けとなる養成コースを設けることで、単年度で終了となる一過性の取り組みにならないように講義内容の見直し等も実施しています。

２０２０（令和２）年度については、４月から講義を開始していく予定としていましたが、新型コロナウイルス感染拡大の影響を受けて講義を延期せざるを得なくなり、徹底した感染防止対策を講じた上で、７月に初回の講義を開始する運びとなりました。

今後も社会情勢を注視しつつ、受講生の安全面を最優先とする中で事業を展開していきたいと考えています。

現地での実習風景

今後の展望について

森林所有者及び土地の境界が不明なことにより、森林整備までに多くの手間とコストがかかること及び管理の行き届いていない森林の増加に起因する災害発生のリスクの増加等を背景として、２０１９（平成31）年４月１日に「森林経営管理法」が施行され、「森林経営管理制度」がスタートしています。

今後は、当該制度に基づいた森林整備を市町村が主体的に実施していくことになるため、防災、鳥獣被害、文化財保護、周辺景観及びＳＤＧｓ等の多面的な見地やデータを用いて、市内の森林経営管理に係る方針づくりを実施し、併せて、市内山林における過去の施業履歴の精査、林相区分の分析による公益性や経済性の評価及び林地台帳の精度向上の取り組み等を進めることで、優先順位付けを行う中で全体計画を策定し、森林所有者への意向調査を計画的に行っていく予定です。

森林所有者から本市に経営管理権が設定され、経営管理権集積計画を定めた後は、民間の林業経営者に対して経営管理実施権を設定することになりますが、本市で想定される施業面積に対応するためには、担い手の不足が明らかであるため、森の学校については、継続して実施していくこととしています。

また、２０１９（令和元）年度から林業の活性化にテーマを絞った形での地域おこし協力隊の募集も実施しており、２０２０（令和２）年５月から１名が着任し、９月からもう１名の着任を予定しています。

地域外から優秀な人材を誘致し、各種プログラムの企画立案、森林環境譲与税を活用した事業の創出及び林業を通じた都市農村交流等の新たな取り組みを展開してもらう中で、隊員自らも本市に定住し、将来的には地域林業の担い手として大いに活躍していただくことを期待しています。

宮崎県日南市

飫肥杉400年の歴史を後世に伝えるために 飫肥杉を守り育てる担い手対策

宮崎県日南市産業経済部水産林政課課長補佐兼林政係長
渡辺　伸也

飫肥杉の歴史

宮崎県南部に位置する日南市は、人口約5万人、面積536㎢で、市域の東側を日向灘に面し、その海岸線が「日南海岸国定公園」に属しています。一方で、北西部に標高1000m級の小松山や男鈴山を有し、市域の78%を占める林野のうち約7割が「飫肥杉」の人工林です。

本市は古くから「飫肥」と呼ばれており、平安時代の「倭名類聚抄」には宮崎郡飫肥郷として

弁甲材送流風景を再現した堀川運河

記されています。そして、様々な歴史を経て、江戸時代に伊東家が飫肥藩（現在の日南市と宮崎市の南部）を支配しました。

飫肥杉は、１６１５（元和元）年に藩財政の困窮を打開するため、当時の伊東家藩主がスギの植林を推進したことが始まりだといわれていますが、当初は、伐採に植林が追い付かず、山林の荒廃に歯止めが掛かりませんでした。特に、木材出荷の円滑化に寄与する堀川運河の完成もあり、18世紀に入ると木材資源が枯渇し始めました。

このため、飫肥藩は１７９１（寛政３）年に二部一山の法を「三部一山の法」（利益配分は住民３分の２、藩３分の１）に改め、林業を監督する山方奉行を新設し、さらには、杉山帳簿を作成するなどして、造林事業を強化しました。

この三部一山の法の思想は、1899（明治32）年制定の国有林野法に引き継がれ、営林法令の礎となっているといわれています。

飫肥杉は造船材（弁甲材）として優れており、西日本の木造船の多くは飫肥杉が使用されてきましたが、1965（昭和40）年頃から、造船用木材需要の激減により、住宅用・建築材用などを志向とした新しい林業への転換が進められてきました。

その飫肥杉は400年の歴史の中で宮崎県全域に植林されて、1991（平成3）年度から連続で、宮崎県は杉丸太生産量日本一を誇っています。

市内山林の抱える現状と課題

戦後、造林拡大が進んできた本市の飫肥杉は、標準伐期齢以上が約8割を占めており、人工林資源の主伐期を迎えています。

その中で、近年の傾向としては、2012（平成24）年度と直近データとして持つ2018（平成30）年度を比較すると、主伐山林面積は2倍以上に増えている一方、再造林された山林面積は、

1・6倍程度の増加にとどまっており、主伐が進む中、再造林が追い付いていないという現状があります（図1、図2参照）。

そのため、本市の飫肥杉を守るための課題としては、全国的に共通する「所有者不明等森林の増加」や「森林所有者の経営意欲の低下、後継者不足」に加えて、「造林に係る施業の推進」が掲げられると考えています。

そこで、本市の造林施業の推進に必要な要素について分析しました。ご承知のとおり、造林施業に当たっては、国の支援策である森林整備事業（補助金）がありますが、本市内には、この支援策を活用して造林事業を本格的に担う事業者が2社しかありません。

造林施業は、植林や下刈り、枝打ち等、機械で担うことが難しい作業が多く、マンパワーに頼らざるを得ない中で、労働環境が過酷といわれており、その作業員の確保が非常に難しいというのが現状です。

一方、伐採を担う素材生産事業者は50社以上あり、さらには近年、土木工事や建築工事等の林業以外の事業者が新規に参入してくる事例もあります。

確かに、素材生産は、伐採した原木が収入に直結しやすく、さらには、機械で担える作業が多く、特に新規参入する土木工事等の事業者においては、既に所有している機械を活用するこ

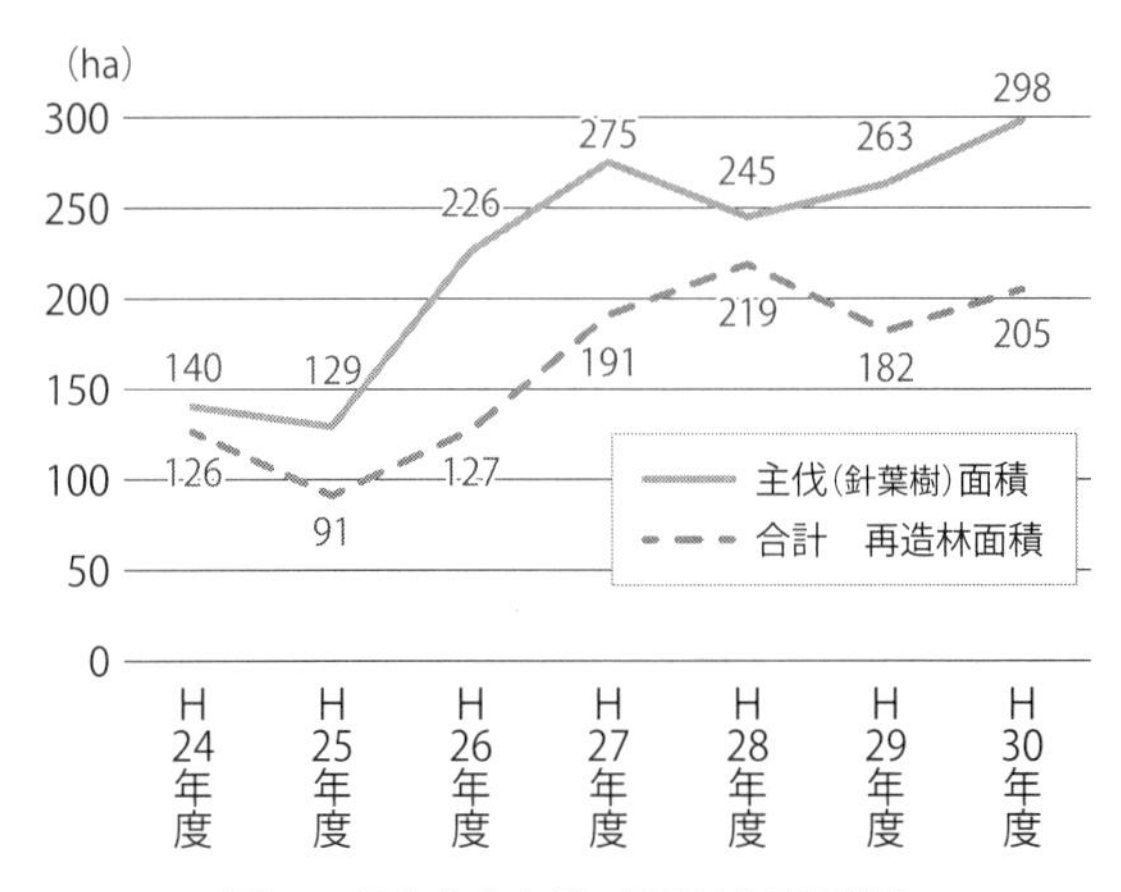

図１　日南市の主伐、再造林面積推移

※宮崎県林業統計要覧（宮崎県環境森林部が２年毎に発行）による推計値を基に、日南市が独自推計を加えたもの

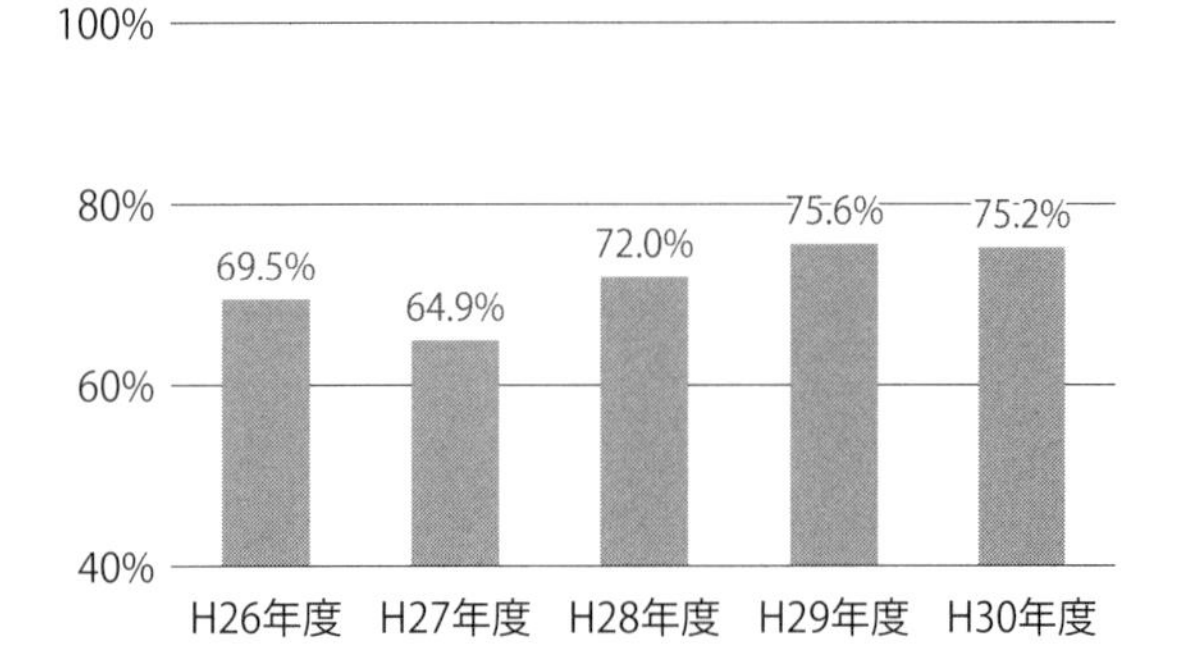

図２　日南市再造林の割合（３か年平均）

※宮崎県林業統計要覧（宮崎県環境森林部が２年毎に発行）による推計値を基に、日南市が独自推計を加えて算出したもの

とも比較的容易です。

　こういった現状を踏まえて、「所有者不明、後継者不足」等の課題解決のために「森林経営管理制度を推進」することと併せて、本市独自の課題である「造林施業の推進」に対しては、「造林を担う事業者の担い手対策」を推進することで解決を図ることとして、２０１９（令和元）年度に創設された森林環境譲与税を活用していくこととしました。

飫肥杉を守る担い手対策の検討

　労働力の不足は、多くの他業種でも同様に掲げる課題です。林業分野において、同圏域内で職業斡旋するだけでは解決には至りません。市内の造林事業者の採用担当者からも、特に林業は、世間的に過酷な労働環境と考えられており、少しくらい賃金水準を上げたとしても、なかなか求人応募者はいないとの話も聞いており、一般的な企業説明会や就職説明会では解決しないと考えられます。

　さらには、足場の悪い現場や、夏場の過酷な作業等があり、作業に慣れていない素人が担うためには、ある程度の経験を積む期間が必要であるため、地域内の労働力融通の取り組みとして、建設業や自動車学校の閑散期の短期的な労働力派遣では、造林事業者側として受け入れることが困難です。

併せて、緩斜面でない山も多く、造林施業は機械化による効率化も非常に難しいのが現状です。

これらに沿って、かつ、本市独自の現状と課題を踏まえ、林業に特化した視点で、「施業経験を有する労働力を他圏域の閑散期等に融通してもらう」、「施業の省力化・効率化につながる(ただし、機械化以外)」、「施業に従事する作業員の労働環境改善」の3本の施策で、飫肥杉を守る担い手対策を講じることとしました。

施策1　地域間同業種等労働力支援事業

施業経験を有する労働力を他圏域から、その閑散期等に融通してもらう仕組みです。

下刈り等、造林施業に係る作業を想定した、他圏域における閑散期一定期間(10日)以上の出向(派遣)受け入れに要する旅費、居住費の2分の1(上限10万円/人)を支援します(図3参照)。出向元の選定・調整等については、出向を受ける事業者の責務で行うことを要件としています。

出向作業員よる夏場の下刈り作業

２０１９（令和元）年度は、本市を管轄する南那珂森林組合において、沖縄県八重山地域を管轄する森林組合から作業員３名に出向いただき、延べ55日間、市内山林の造林施業に従事していただきました。

この事業は、出向を受ける事業者が、出向元の調整等を行うこととしているため、全国的な組織連携を有する森林組合は、出向を受ける労働力を見つけることができます。しかしながら、他圏域事業者との連携を持たない一般の市内事業者は、この労働力を切望する思いを持ちながら、他圏域からの労働力を見つけることができずにいます。

そこで、公益財団法人産業雇用安定センター宮崎事務所と連携し、他圏域との連携を持たな

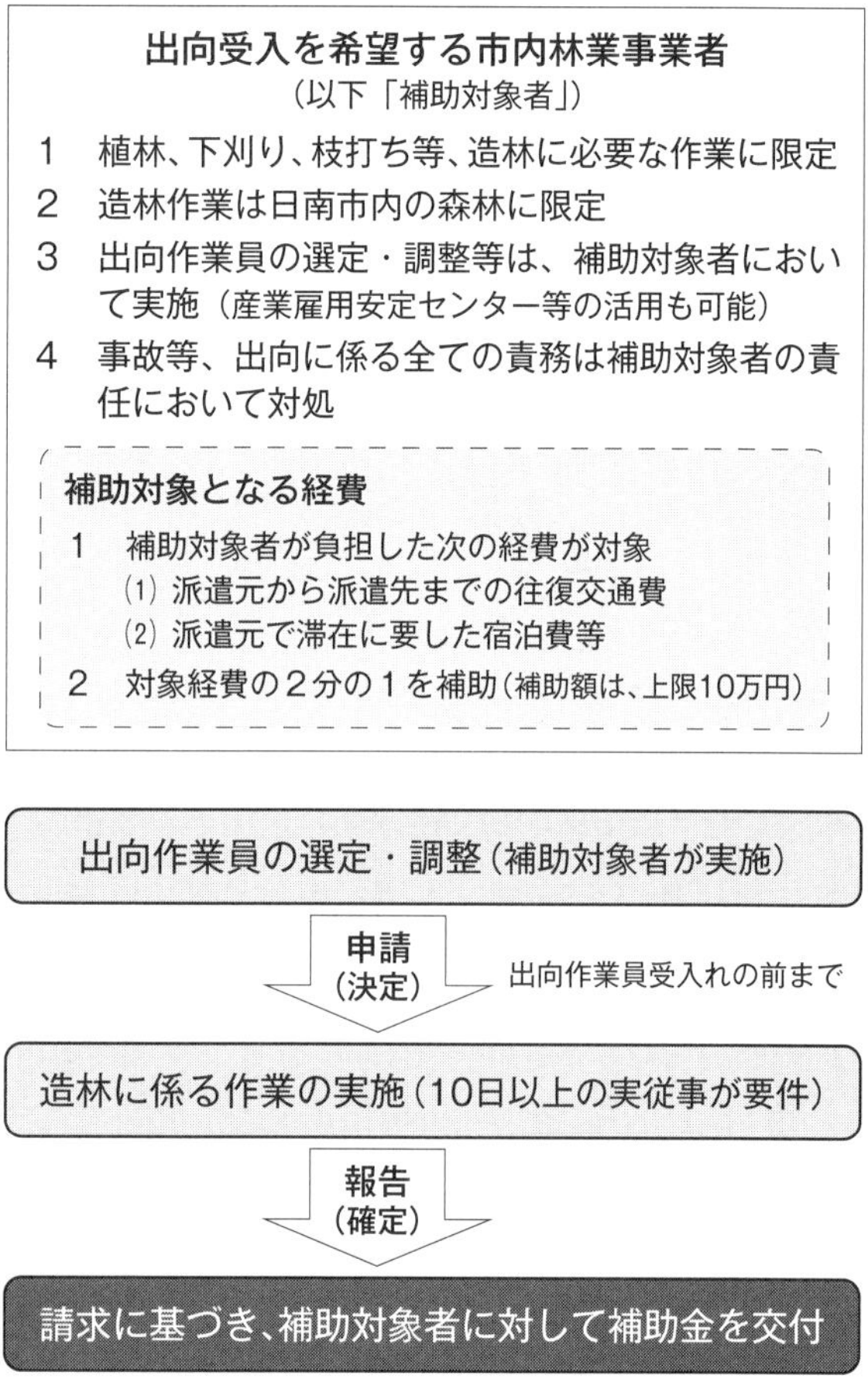

出向受入を希望する市内林業事業者
（以下「補助対象者」）

1　植林、下刈り、枝打ち等、造林に必要な作業に限定
2　造林作業は日南市内の森林に限定
3　出向作業員の選定・調整等は、補助対象者において実施（産業雇用安定センター等の活用も可能）
4　事故等、出向に係る全ての責務は補助対象者の責任において対処

補助対象となる経費

1　補助対象者が負担した次の経費が対象
　(1) 派遣元から派遣先までの往復交通費
　(2) 派遣元で滞在に要した宿泊費等
2　対象経費の２分の１を補助（補助額は、上限10万円）

出向作業員の選定・調整（補助対象者が実施）

↓ 申請（決定）　出向作業員受入れの前まで

造林に係る作業の実施（10日以上の実従事が要件）

↓ 報告（確定）

請求に基づき、補助対象者に対して補助金を交付

図３　地域間同業種等労働力支援事業の概要

い事業者への労働力を見つけることを模索する取り組みを始めました。

今後は、本市と同センター、事業者の３者による連携をとおして、全国的なネットワークのない事業者でも、他圏域からの労働力を受けられるような仕組みを構築していくことを目標に進めていきたいと考えています。

施策２　労働環境省力化支援事業

施業の省力化・効率化につながることを目的とした仕組みです。

機械で省力化・効率化の図れない、下刈り等の造林現場において、作業省力化に寄与する資材等の導入経費に対して支援するもので、２０１９（令和元）年度は「スギコンテナ苗」を対象資材としました（図４参照）。

コンテナ苗は、路地苗に比べて植栽しやすく、かつ、活着率が高く植栽必要本数が少なくなるため、植栽現場の作業量が少なくなるといわれており、２０１９（令和元）年度は、約16haの市内山林において、コンテナ苗を活用して施業を行い、省力化を図りました。

少し話が逸れますが、本市では、２０１７（平成29）年度に市有林を検証林として、伐採か

省力化に資する資機材

1　制度スタート時は、「スギコンテナ苗」が対象
※コンテナ苗は路地苗に比べて植栽しやすく、活着率が高いため、植栽必要本数が少なくなる。

2　省力化への効果等を勘案して、今後、助成対象資機材の変更（追加）を検討

補助対象となる経費（スギコンテナ苗）

標準的な施業における実行経費で比較した「スギコンテナ苗」と「スギ苗（路地苗）」との差額

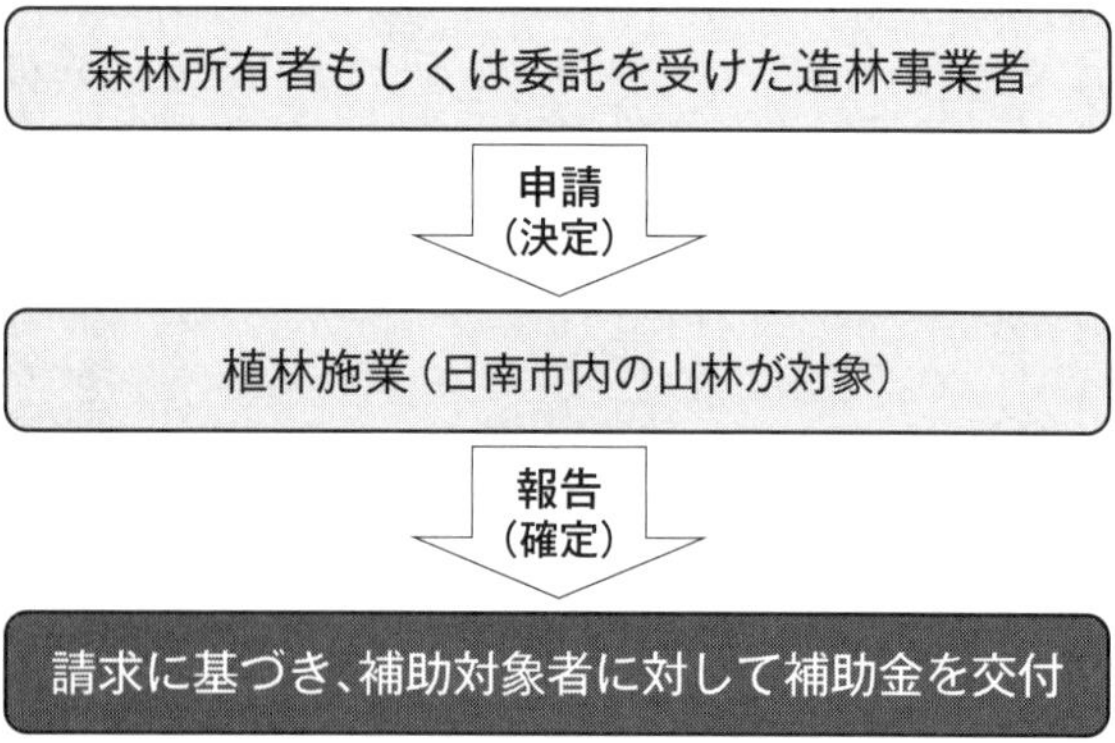

森林所有者もしくは委託を受けた造林事業者

↓ 申請（決定）

植林施業（日南市内の山林が対象）

↓ 報告（確定）

請求に基づき、補助対象者に対して補助金を交付

図４　労働環境省力化支援事業の概要

表　1ha 当たりの実行経費の比較
（平成 29 年度林業施業一環システム検証事業）

一貫施業・コンテナ苗	必要人工数	7.6人
実行経費	564,411円	
苗代／ 1ha（単価×必要本数）	340,000円	（@170円×2,000本）
	計	904,411円

一般的施業・路地苗	必要人工数	16.0人
実行経費	1,091,541円	
苗代／ 1ha（単価×必要本数）	237,500円	（@95円×2,500本）
	計	1,329,041円

差額（コスト削減額）	必要人工数	△8.4人
実行経費	△527,130円	
苗代／ 1ha	102,500円	
	計	**△424,630円**

※数値は、一貫施業全体の比較のため、コンテナ苗に係る経費と地拵えに必要な施業コストをあわせたもの

ら地拵え、コンテナ苗を用いた植林までを一貫して施業（一貫施業）する実証実験を行い、その実行経費、必要人工数の算出を経て、一貫施業を行うことで施業コストが削減されることを確認しました（表参照）。

この一貫施業のうち、素材生産事業者の協力が必要な、伐採から地拵えを促進する取り組みについては、２０１８（平成30）年度より再造林対策として取り組んでおり、２０１９（令和元）年度より、担い手対策として、このコンテナ苗導入推進の取り組みを開始したところです。

さて、この取り組みの対象とする、省力化に資する資材等については、造林施

業を行う事業者の意見等を参考にしながら、対象メニューの加除を検討していきたいと考えており、2021（令和3）年度以降、「成長促進施肥」の追加を検討しています。

また、市内の山林で「防草シート」の実証試験を行っており、その効果が認められれば、メニュー追加を検討したいと考えています。

さらには、国の育種試験場で研究が進んでいる超早生樹（エリートツリー）が、将来、メニューに加わるかもしれません。

施策3　労働環境改革支援事業

事業者もメリットを感じられるような労働環境を改善する仕組みです。

機械で担うことが困難な、下刈り等現場の作業において、特に、夏場の過酷な労働環境を要因とした離職が顕著です。

この労働環境の改善を目的として、早朝作業の推進を目的に、時間外賃金に係る割増分の相当額を算定の基礎として、熱中症対策等の労働環境改善に資する資材（作業用空調服、冷却シート、経口補水液等）の購入費に対して助成します（図5参照）。

夏場（7～ 10月）の下刈り等作業現場において、早朝作業の推進を目的に、時間外賃金に係る割増分の相当額を助成し、労働環境改善に資する資材の購入経費に充当。

労働環境改善に資する資材

1　空調服（植林、下刈り、枝打ち等、造林の作業で使用できるもの）
2　作業にあたって、身体を冷却する機能を有するシート等
3　経口補水液
4　作業において熱中症対策に資する資材として、特に認めるもの。

造林施業を行う市内林業事業者（以下「補助対象者」）
1　下刈り等、造林に係る作業に限定
2　造林作業は日南市内の森林に限定
3　夏場の早朝作業実績に応じて、通常時間単価の額と割増時間単価の額の差額（市の定める基準による）で助成額を積算
4　交付される補助金の使途は、労働環境改善に資する資材

1　下刈り等の造林施業（日南市内の山林が対象）
2　労働環境改善に資する資材の購入

報告
（確定）

請求に基づき、補助対象者に対して補助金を交付

図５　労働環境改革支援事業の概要

労働環境改善資材（空調服）

２０１９（令和元）年度は、市内で造林作業に従事する45名の作業員の方に、労働環境改善資材を提供することができました。

ここで、助成額の算定基礎とした「時間外賃金の割増相当分」ですが、あえて、事業者が実際に割増賃金を支給することは求めていません。実際には、早朝作業に従事した分、早く仕事を終えて退社させており、現場で働く作業員も、その方が夏場の労働負担軽減につながるからです。そして、この取り扱いこそが、事業者にメリットを感じていただきたいと狙っているところです。

造林施業は、収入に直結する部分が少なく、国の支援（補助金）に頼らざるを得ません。このため、小規模な事業者では、補助金の手続き等のため、尻込みする傾向もあるのではないかと思います。

そこで、市内の素材生産事業者等に「造林に取り組んでみると、市から補助金がもらえます」といったアナウンスのツールとしてこの事業を活用しています。

なぜならば、この事業を通して、素材生産事業者が、伐採業務の合間に、造林に係る施業をやってみようかなという機運を持つことを、少しでも広げていきたいと目論んでいるからです。

２０２０（令和２）年度、これまで造林施業に本格的に取り組んでいない市内の事業者より、造林するためにこの事業を活用したいとの申請をいただきました。

将来的に、少しでも素材生産事業者が造林施業に取り組んでみることで、本市が力を入れてきた一貫施業の後押しとなることを願っているところです。

おわりに

森林環境譲与税の創設により、これまで、財源がなかったために叶わなかった飫肥杉を守り育てる施策に取り組む機会を与えていただいたと思っています。

今後、この譲与税を活用して、「森林経営管理制度の推進」と、造林施業に必要な「担い手対

飫肥城本丸跡の杉林

策」を両輪として、森林整備の施策を推進していきます。
また、従前より取り組んできた一貫施業施策と併せて、再造林に至る割合を向上させていきたいと思います。
そして、郷土の先人から伝統的に受け継がれてきた「飫肥杉400年の歴史」を後世に伝えていきたいと考えています。

福岡県
個人事業主の組織化や異業種からの新規参入を支援
意欲と能力のある林業経営者の確保・育成に向けて

福岡県農林水産部林業振興課林業経営係主任技師
小野澤　郁佳

福岡県の森林、林業労働力の概要

福岡県は、北九州・福岡の両政令市を有し、森林面積は22万４０００haで、森林率は45%と全国平均より低くなっています。一方、民有林における人工林面積は12万５０００haで、人工林率は65%と全国平均より高く、全国第２位となっています。人工林のうち、９齢級以上の面積は９万６０００haで、全体の７割以上を占め、本格的な利用期を迎えており、「伐って、使って、植える」という森林を循環的に利用していく新たな時代に入っています。

また、本県の林業就業者数は960人、林業従事者数は870人となっており（2015（平成27）年国勢調査）、近年の新規就業者数は50人程度で推移しています。なお、2020（令和2）年8月1日時点の「林業労働力の確保の促進に関する法律」に基づく「認定事業主」は34社、「森林経営管理法」に規定する民間事業者「意欲と能力のある林業経営者」は20社となっています。

林業経営者確保対策事業創設の背景

本県ではこれまでも林業の担い手確保のため、林業労働力確保支援センターとともに、就業希望者への相談会や、「緑の雇用」事業によるフォレストワーカー研修やその後のキャリアアップ研修、林業事業体の雇用管理の改善等の支援を行ってきました。

このような中、林業の成長産業化と森林の適切な管理の両立を図るため、2019（平成31）年4月に森林経営管理法が施行され、森林経営管理制度がスタートしました。森林経営管理制度では、森林所有者が管理できない森林を、市町村を介して、林業経営者に集約化するとともに、集約化できない森林については市町村自らが管理を行うこととなっております。この制度によ

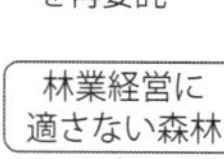

図１　森林経営管理制度の概要

り、これまで管理が行われてこなかった森林の整備が新たに生じることから、森林作業を担う労働者の更なる確保・育成が必要となっています。

　これに加え、市町村から森林の経営管理を委託される林業経営者は、森林所有者や林業従事者の所得向上につながる高い生産性や収益性を有するなど、効率的で安定的な林業経営を行うことが求められていることから、組織を強化する必要があります。

　このため、本県では、森林環境譲与税を活用し、林業の担い手となる組織を確保・育成する「林業経営者確保対策事業」を創設しました。この事業は、①個人事業主の林業経営者への移行を支援するとともに、②異業種からの新規参入を支援するという２つの方向からのアプローチにより、担い手の確保を目指しています。

事業の概要

①個人事業主の林業経営者への移行

本メニューは、既に森林作業に必要な技能を有し、森林組合等から作業を請負う個人事業主等の組織化を支援するものです。

組織化に向けて必要な、経営プランの作成・改善、雇用管理の改善、事業の合理化に係る費用として、経営診断に要する経費や社会保険料、福利厚生費、高性能林業機械の導入経費等を助成しています。

支援期間は4年間としており、個人事業主が組織化し、事業を軌道に乗せるまでの間、継続して支援をできるようにしています。1年目に組織化（認定事業主となる）し、2～4年目で事業拡大、労働者の確保・育成を行うこととしています。

事業の要件として、1年目に認定事業主への登録を義務付けることで、雇用管理の改善や事業の合理化を一体的に図るための計画が作成され、継続的に取り組む体制が構築されます。

②異業種からの新規参入

本メニューは、建設業等の異業種から林業へ参入することを支援するものです。建設業等の異業種から参入する事業体は、既に組織化されており、重機等の取り扱いには慣れていますが、高性能林業機械の操作や実際の生産現場での作業経験がないため、技能講習や高性能林業機械のリース、生産現場での指導に要する経費を助成しています。

この事業では、新規参入事業体ではなく、認定事業主を事業主体としています。これは、認定事業主が新規参入事業体を支援することで、事業終了後も連携できる体制を築くことを目指しているためです。

事業の取り組み事例

初年度である2019（令和元）年度は、①個人事業主の林業経営者への移行に2社が取り組みました。2社ともに認定事業主として認定され、雇用管理の改善や事業の合理化に取り組んでいます。

また、②異業種からの新規参入には1社が取り組み、現在は、認定事業主を目指して活動しています。

【事業スキーム】

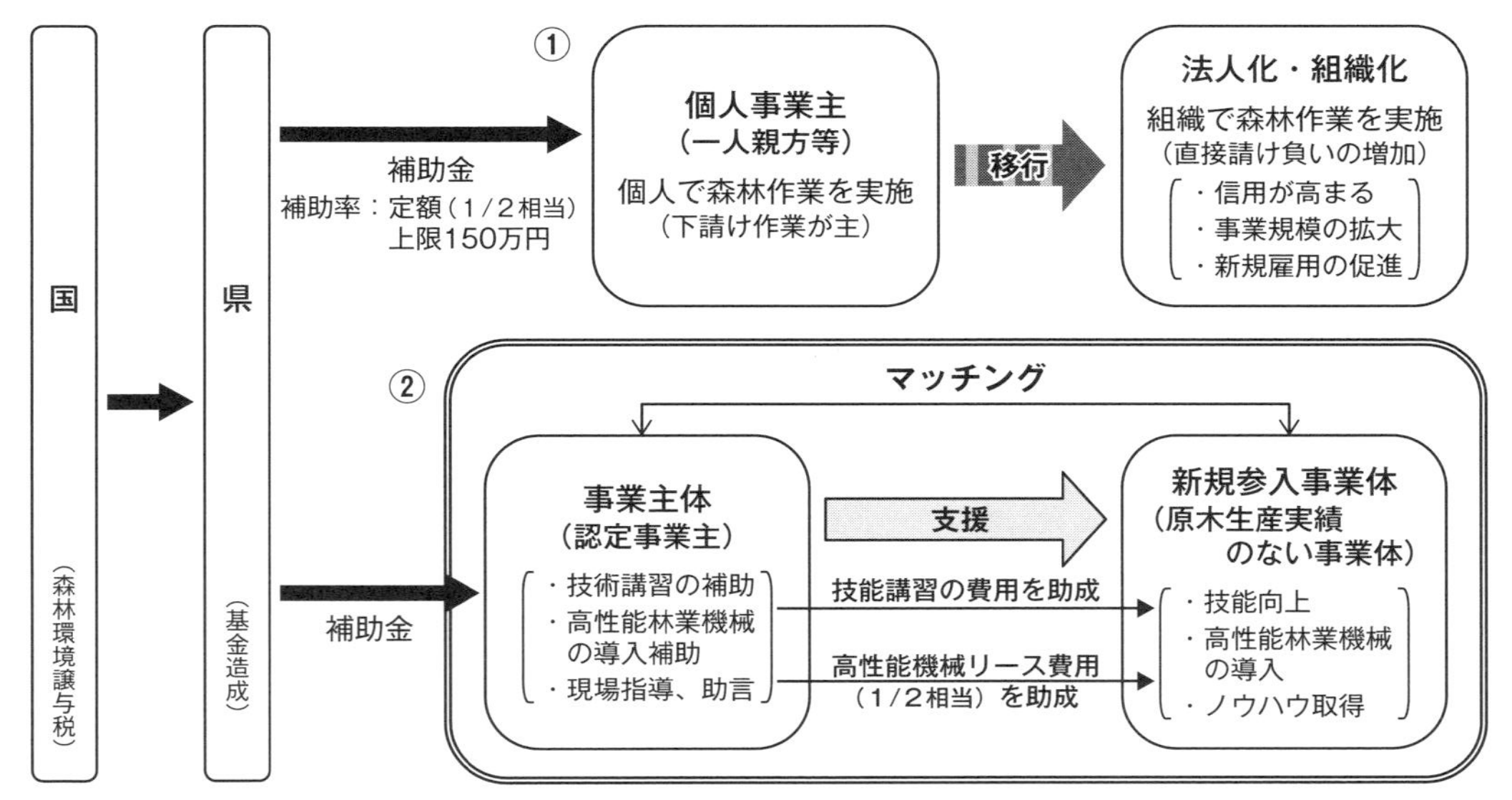

国
（森林環境譲与税）
県
（基金造成）
①
補助金
補助率：定額（1／2相当）
上限150万円
個人事業主
（一人親方等）
個人で森林作業を実施
（下請け作業が主）
移行
法人化・組織化
組織で森林作業を実施
（直接請け負いの増加）
・信用が高まる
・事業規模の拡大
・新規雇用の促進
②
補助金
マッチング
事業主体
（認定事業主）
・技術講習の補助
・高性能林業機械の導入補助
・現場指導、助言
支援
技能講習の費用を助成
高性能機械リース費用（1／2相当）を助成
新規参入事業体
（原木生産実績のない事業体）
・技能向上
・高性能林業機械の導入
・ノウハウ取得

【事業概要】

①個人事業主の林業経営者への移行

支援対象：経営診断、社会保険料、福利厚生費、高性能林業機械の導入経費など
支援期間：４年間（１年目：組織化、新規雇用、２～４年目：事業拡大、労働者育成）
　　　　　※１年目に認定事業主になることが必要。
補助金額：定額（１/２相当）　※上限１５０万円

②異業種からの新規参入

支援対象：㋐技能講習（チェーンソーや伐木等機械運転の特別教育など）
　　　　　㋑高性能林業機械リース
　　　　　㋒生産現場での指導に係る経費
支援期間：１年間
補助金額：定額（補助率：㋐㋒定額、㋑１/２以内）

図２　林業経営者確保対策事業の概要

事例1：①個人事業主の林業経営者への移行―ロガーフォレスト

福岡県豊前市のロガーフォレストは、代表の岩下尚史氏が2014（平成26）年から個人事業主として、素材生産業を営む事業体です。岩下氏は熊本県の阿蘇出身で、実家が林業を営んでいたことから、幼いころから林業に慣れ親しんでおり、高校卒業後、父の元で林業を始めました。その後、結婚を機に妻の地元の豊前市に移り、独立しました。

この事業に取り組むに当たり、岩下氏はこう話してくださいました。

「独立当時は、現場作業に絶対的な自信がありました。そんな時、柿木さん（林業経営総合サポート『オリジン』代表）に現場を見てもらう機会があり、自分では完璧な作業を行ったつもりでしたが、効率性において自分では思いもよらぬ指摘を受けました。この時、ショックを受けるとともに、他人の話を聞くこと、学ぶことの大切さを認識しました。

それから数年後、仕事も順調に増え、林産体制を強化しなければならなくなりました。具体的には、『社員だけで現場を回せる体制』を築く必要がありました。しかし、いざ教えようとすると、何からどう伝えれば良いのかがわからない、という問題に直面しました。当然今までも人並みに作業を中心に教えてきたつもりでしたが、断片的に『感覚』で教えていたので、社員の知識が林業を体系的に理解するまでには至っていないことを痛感しました。良い仕事を要求するからには、『教える・伝える』もセットでなければならない、という思いと、『教える』にも『伝える段取り・ツール』が必要であり、技術者・社長業とは全く別の『ノウハウ』が必要であるということから、柿木さんに相談し、人材育成のための『段取り・ツール』を自費で導入することを考えていました。そんな時、この事業が『人材育成』にも活用できると県の方からアドバイスをいただき、活用することにしました」。

岩下氏から相談を受け、取り組み内容や今後の展望等について話を伺い、事業を実施していただくことになりました。

岩下氏は、柿木氏のサポートを受けながら「社内請負型工程管理体制構築プログラム」（表参照）を立ち上げ、社員１人１人が経営感覚や知識・技術を身につけることを目標として「戦略的・計画的」な人材育成に取り組んでいます。社長を発注者、社員を請負業者に見立て、社員が自ら目標を立て、日報等のデータに基づき工程管理を行い、目標の達成状況を報酬に反映する、という体制を築くことが目的です。既に目標設定・コスト管理を専用ソフトで実践しているのですが、現行の工程管理をさらに発展させる取り組みとなっています。

岩下氏は、この事業に取り組んで、こう話してくださいました。「取り組んで改めて感じたのが、『伝える』ためには『データ・理論』という『根拠』が必要で、感覚だけでは限界がある

表　社内請負型工程管理社員研修カリキュラム

ロガーフォレスト 社内請負型工程管理社員研修カリキュラム

テーマ	項目	内容	ポイント・キーワード
林業経営に必要な知識の習得	一般知識	森林・林業・その他（おさらい）	社会の中の林業の役割、林業の中の会社の役割、など
		仕事に対する向き合い方	・何に「一生懸命」になるべきか ・良い仕事の基準 ・「想像力」の必要性 ・自己分析の必要性 ・検証とは
		仕事のコツ	・リズムの重要性 ・丁寧さの重要性 ・「段取り」とは ・全体像をつかむ効果 ・メリハリ（何に時間を費やすか）
	技術習得	「職人」として必要な心構え	・真の「謙虚さ」とは ・見えにくい「効果」を積み重ねる努力 ・教える側の義務と教わる側の義務
		データの正しい使い方	・良質なデータとは ・「数値」ではなく「特性」を知る ・データを活かすのは自分次第 ・「体験」＋「データ」＝「経験」 ・「経験」＋「理論」＝「技術」
	林業経営	工程管理に必要な情報と知識	・契約から事業実施までの流れ ・「単価」の決定方法 ・コスト管理の仕組み（会社、現場）
	ケーススタディ	自分の事例紹介	・自分のこだわり、モットーをプレゼン
工程管理実技	目標設定	見積積算・目標設定試行	・契約時の情報を活用した目標設定方法シミュレーション
	工程管理	コスト検証方法試行	・経理に直結させるコスト精算シミュレーション
	情報整理	請負型業務フロー作成	・シミュレーション結果を整理
業務品質管理	木材生産システム基本マニュアル作成	ロガーフォレスト版基本マニュアル作成	・イラストを中心とした説明書 ・人材育成ツール ・作業品質の均一化ツール ・随時更新可能なフォーム

R2年実施分

研修に積極的に取り組む社員

ことと、それ以上に、教わる側の『姿勢』がなければムダということです。

『学ぶ姿勢』には信頼関係が不可欠です。今回、機械と同じように『研修』を導入したことで、社員に『うちの会社はきちんと教えてくれる』という安心感を与え、今まで以上に信頼関係が深くなったことを、社員の言動で確信しました。この信頼関係があるからこそ、今一丸となって取り組めていると感じています。この事業は、高性能林業機械の導入などの一過性の『モノ』に対する支援だけではなく、『人材育成』という『コト』にも使える点がとても有意義な事業だと思います。どんなに良い機械を導入しても、使うのは『人』なので『人』への投資のほうが重要だと思います。取り組みは始まったばか

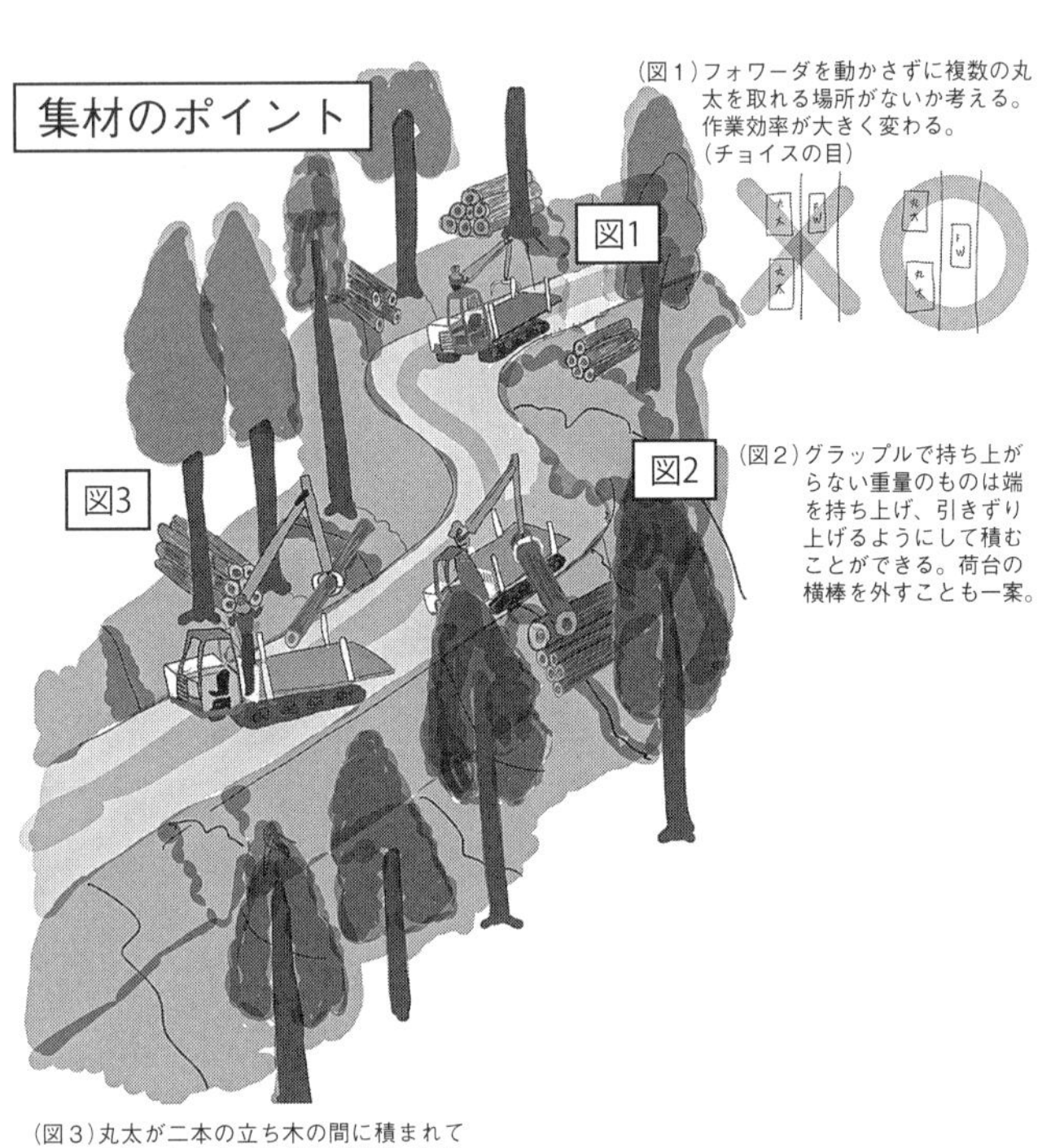

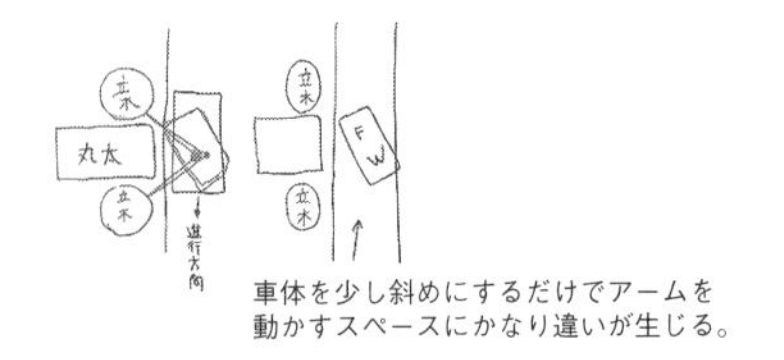

図3　社員と一緒に作成した社内マニュアル①

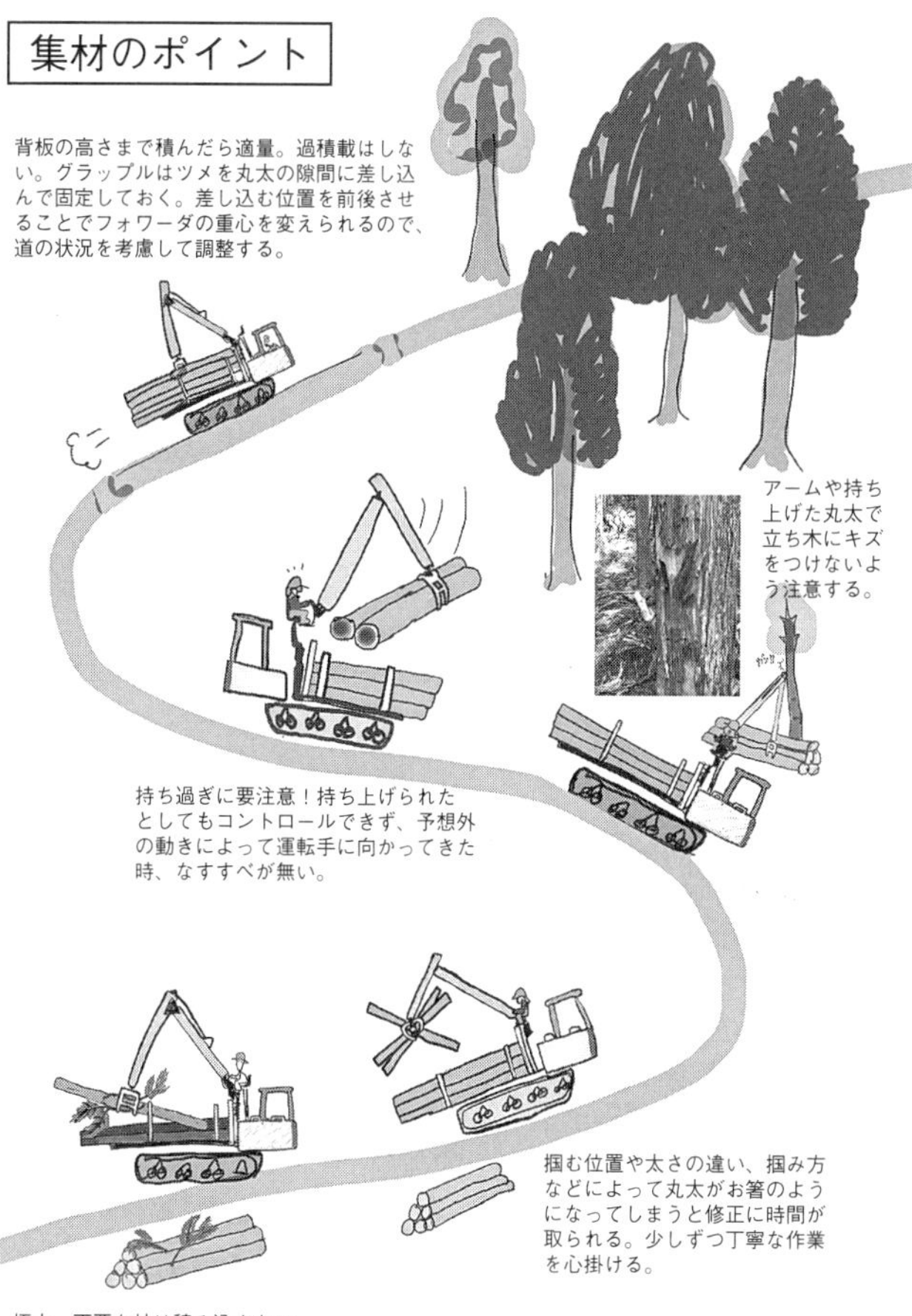

集材のポイント
背板の高さまで積んだら適量。過積載はしない。グラップルはツメを丸太の隙間に差し込んで固定しておく。差し込む位置を前後させることでフォワーダの重心を変えられるので、道の状況を考慮して調整する。

アームや持ち上げた丸太で立ち木にキズをつけないよう注意する。

持ち過ぎに要注意！持ち上げられたとしてもコントロールできず、予想外の動きによって運転手に向かってきた時、なすすべが無い。

掴む位置や太さの違い、掴み方などによって丸太がお箸のようになってしまうと修正に時間が取られる。少しずつ丁寧な作業を心掛ける。

極力、不要な枝は積み込まない。

図４　社員と一緒に作成した社内マニュアル②

一丸となって取り組む仲間

りですが、とても良い雰囲気で研修が進められているので、この先が楽しみで仕方がないです」。

ロガーフォレストは、2020（令和2）年3月に認定事業主となり、併せて株式会社に移行しました。今年度も継続して本事業に取り組んでおり、県は引き続き支援を行っています。率先して人材育成の取り組みを行うなど、組織を強化しており、今後も地域の林業の担い手として活躍することが期待されます。

事例2：②異業種からの新規参入
——株式会社へいせい

福岡県糸島市の株式会社へいせいは地域を代表する総合建設業者です。戦後まもなく土木工事業として創業し、その後、建築や住宅、リフォーム、

地元の方が集まるお客様感謝祭

美装、不動産等多岐にわたる業務を手掛けるようになりました。

株式会社へいせいの取締役である江頭直樹氏はこう話してくださいました。

「もともと、土木工事の担当で、林道工事等に携わる中で、『豊かな森林を次世代に残していきたい。そのためには、森林整備が必要で、森林の維持管理に携わっていきたい』という思いが強くなり、林業への参入を決めました。どのようにして林業に参入していこうかと考えていた時にこの事業を知り、活用したいと思いました」。

株式会社へいせいは、これまでも林道工事や治山工事など森林内での作業を行っていたため、地元の森林組合である福岡県広域森林組合とのマッチングを図りました。株式会社へいせいと福岡県

森林整備に必要な広域基幹林道も整備

広域森林組合は、公共工事を行う際に伐採等を頼んでいた関係で、以前から付き合いがあったことから、スムーズにマッチングでき、事業に取り組むことができました。

福岡県広域森林組合事業部長の菊次憲二氏は、「当組合管内の素材生産業者は少ないため、この事業を活用して地元の林業現場を担う人材を育て、増やしたいと思っています」と、事業主体となることを快く承諾してくださいました。

実際に講習や現場指導を受けた感想として江頭氏は、こう話してくださいました。

「林業は非常に労働災害が多く、危険な業種で、しっかりと基礎を学ぶことが必要です。また、機械を持っていても、上手な使い方、回し方ができなければ宝の持ち腐れになってしまいます。認定

認定事業主による生産現場での熱心な指導

事業主の方から実際の現場で指導していただけたので、林業の怖さを実感することができましたし、基礎をしっかりと学ぶことの重要性や、きちんと指導を受けることの大切さを認識できました。今後も、福岡県広域森林組合の指導を受けながら技術の向上を図り、地元の糸島市だけではなく、福岡県全域、九州全域で事業を任せてもらえるような事業体になりたいと思っています。将来的には、糸島市産の材を自分たちで伐り出し、住宅を建築できるようになりたいとも思っています」。

菊次氏は「これからも、現場指導、情報提供を行い、素材生産ができるようサポートしていきたいです」と話してくださいました。

株式会社へいせいは、土木部の中に林業部門を立ち上げ、現在は３名が林業に従事しています。

今後も福岡県広域森林組合と協力しながら、地域の林業の重要な担い手として活躍することが期待されます。

今後の取り組み

本事業を通じて、事業体独自の人材育成の取り組みが促進されたほか、新規参入事業体と認定事業主の連携が事業終了後も継続される等、実施した事業体にとって今後につながる有意義な成果が得られています。また、県にとっても林業の担い手となる組織を確保・育成でき、今後の参考となる取り組みとなりました。

今後も、この取り組みを広げていき、引き続き、意欲と能力のある林業経営者の確保・育成を図っていきます。

事例編3

木材利用・自治体間連携・普及啓発

神奈川県川崎市

木材利用・自治体間連携・普及啓発

木材消費地における森林環境譲与税を活用した木材利用の取り組み

神奈川県川崎市まちづくり局総務部企画課長
塚田　雄也

木材利用促進の背景

本市は、東京都と横浜市の間に位置し、羽田空港に近接する立地的優位性を活かし、成長戦略につながる取り組みなどを積極的に進めています。

現在153万5000人の人口を擁しており、平成における人口増加率は政令市で第1位であり、少子高齢・人口減少社会においても、2030（令和12）年までの間に増加が見込まれています。産業については、多くのものづくり企業、研究機関が集積している一方、農林水産業は、市内総生産に対して0・04％程度（約22億円／年）にとどまっており、林業はほとんど行われていない状況です。市域面積は約144㎢、そのうち林野面積は約6・7㎢（約4・6％）でごくわずかとなっています。

一方、わが国の森林は、人工林を中心に蓄積が増加し、本格的な利用期を迎えていることから、国は「公共建築物等における木材の利用の促進に関する法律」（以下「法」という）を2010（平成22）年10月に施行しました。この法において、市町村においても、方針を策定し、木材の利用に努めることが明記されました。

この方針策定に向けた検討が本市の木材利用促進に取り組む契機となり、2014（平成26）年10月に「川崎市公共建築物等における木材の利用促進に関する方針」（以下「方針」という）を策定、2015（平成27）年10月には「川崎市木材利用促進フォーラム」（以下「フォーラム」という）を設立しました。

また、2019（令和元）年度から譲与開始された森林環境譲与税を活用し、消費地として木材利用促進や普及啓発に向けた新たな取り組みを開始しており、積極的な取り組みを地方と連携していくことで、地方創生にもつながる新たな取り組みの検討を進めています。

木材利用の取り組み方針

本市の木材利用の取り組みは、次の３つを柱としています（図1参照）。

①公共建築物の木材利用促進
②民間建築物の木材利用促進
③地方創生に向けた連携

また、これらを補完する形で「木の良さを伝える取り組み」として普及啓発活動を行っています。

このような取り組みを継続的に実施することで、都市部の消費地である本市で身近に木を感じることができる「都市の森」の実現を目指すこととしています。

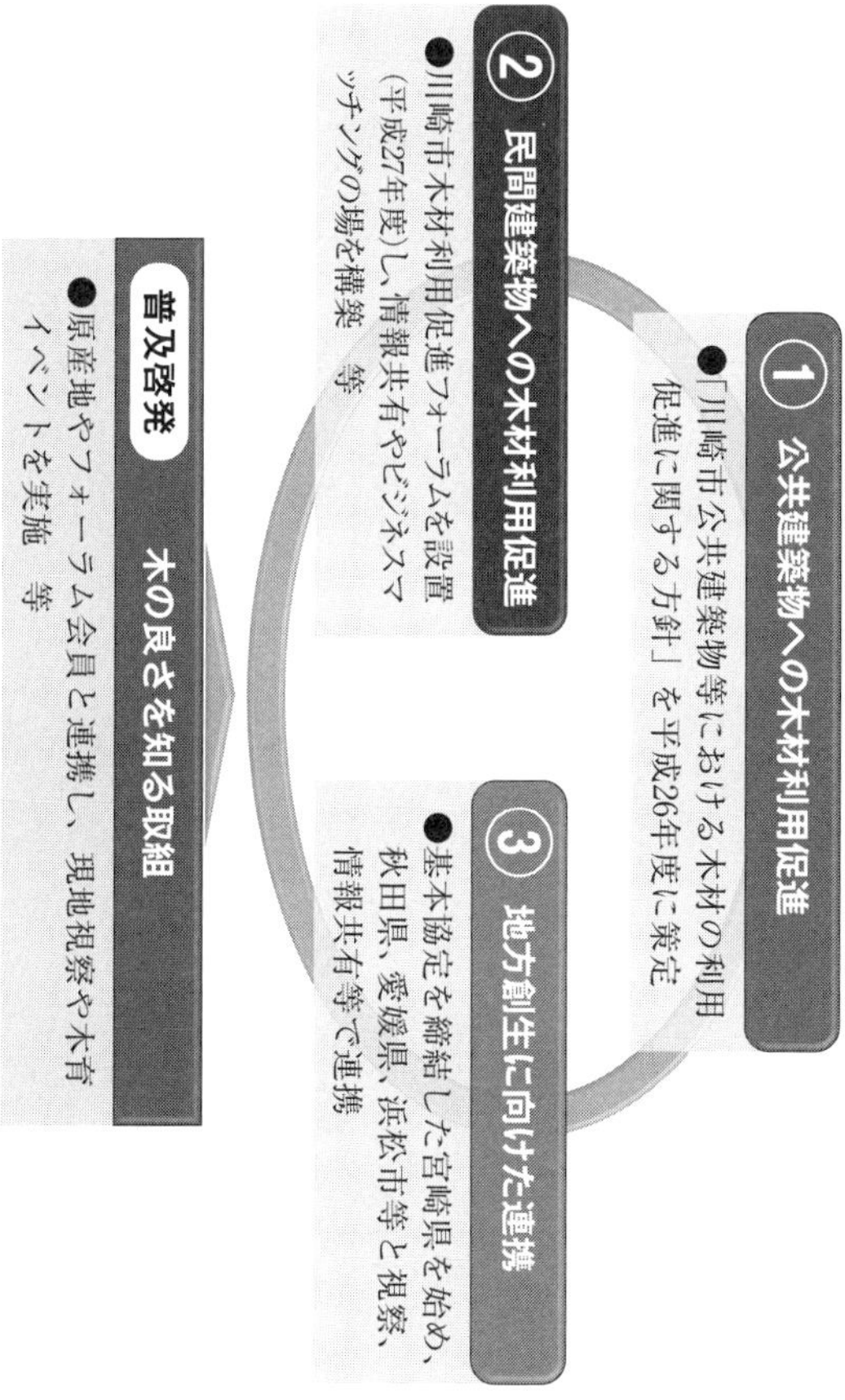

① 公共建築物への木材利用促進

●「川崎市公共建築物等における木材の利用促進に関する方針」を平成26年度に策定

② 民間建築物への木材利用促進

●川崎市木材利用促進フォーラムを設置（平成27年度）し、情報共有やビジネスマッチングの場を構築　等

③ 地方創生に向けた連携

●基本協定を締結した宮崎県を始め、秋田県、愛媛県、浜松市等と視察、情報共有等で連携

普及啓発　木の良さを知る取組

●原産地やフォーラム会員と連携し、現地視察や木育イベントを実施　等

図１　川崎市の木材利用のスキーム

表１　新築・改装の際の単位面積当たりの木材使用量目標値

用　途	目標値（㎥／㎡）
学校（小学校、中学校）等	0.010
庁舎、社会福祉施設（老人福祉施設、保育所）等	0.008
上記以外の公共建築物	0.005

公共建築物の木材利用促進

２０１４（平成26）年10月に策定した方針では、木材利用を促進することで、地球温暖化防止や森林の持つ公益的機能の維持及び増進への寄与、快適な公共空間の創出等に貢献することから、木材使用量を目標値として定め、積極的に木材を利用し国産木材の使用に努めることとしています（表1参照）。都市部の自治体では本市のほか、東京都の港区と江東区が数値目標を定めています。

方針に基づき、公立保育所など中小規模施設等の木造化や、また多くの市民が訪れる庁舎等の木質化を行っているところです。

ア　方針後に整備された主な事例

２０１９（平成31）年1月に竣工した「市立小杉小学校」では、目標値の約2・5倍である約２９０㎥の木材を使用し、秋田県や宮崎県をはじめとした、全国様々な地域の木材を使用しています。

市立小杉小学校

イ　木造プロポーザルの実施

小規模建築物の木造化へ着実につなげていくため、設計者の木造化に関する技術・ノウハウの向上等を目的として、２０１６（平成28）年度から実施しました。１件目に公募を実施した「生田保育園」については、２０１９（令和元）年度に完成し、木材使用量は１８９㎥で、全国各地の再生可能な森林資源が適材適所に配置された建築物となっています。

なお、２件目として２０１７（平成29）年度に公募を実施した「中原保育園」は、２０２０（令和２）年度中に完成する予定です。

ウ　公共施設木質化リノベーション

多くの市民が利用する庁舎等の一部を木質化し、市民が木に触れる機会創出と併せ、施設の課題解決等につなげるため、庁舎の木質化リノベーションを実施しています。

この取り組みは、公募型プロポーザルにより、事業者を選定し、２０１８（平成30）年度に高津区役所の１階ホールの一部を試験的に木質化、２０１９（令和元）年度には中原区役所の１階待合ホール等で道南杉を用いた木質化を行いました。改修後に行った職員向けアンケートでは、木質化を肯定的に捉えている職員が多く、利用者からも「木の良い香りがする」「温か

生田保育園　内装

中原区役所　内装木質化

みがある」等好意的な意見が多く寄せられています。

民間建築物の木材利用促進

フォーラムも設立から5年目を迎え、民間建築物の木材利用をより一層促すため、2019（令和元）年度から森林環境譲与税を活用した補助制度や相談窓口の運用を開始しています。

ア　木材利用促進フォーラム

フォーラムには、木材利用に関する有識者や公益団体等で構成される運営委員会や、一般企業で構成される作業部会を設置しています。運営委員会にはアドバイザー・オブザーバーとして林野庁や国交省、林産地の県や政令市、神奈川県下の市町村が参加し

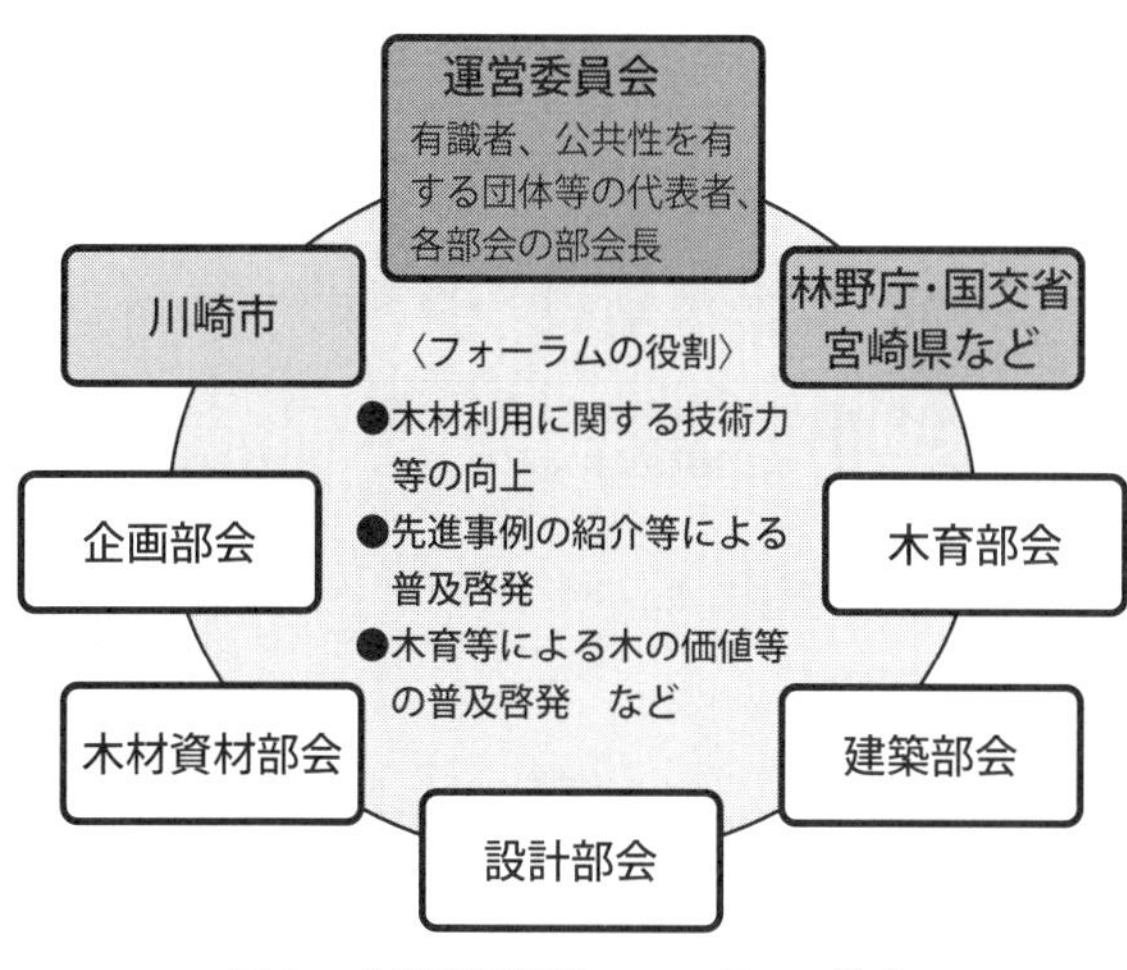

図２　木材利用促進フォーラムの構成

ています（図2参照）。

また、作業部会は各分野が有する課題等実務的な検討を行う場として部会を設置しました。

フォーラムにおいては、木材利用における技術力・ノウハウの向上のための視察や講習会の開催のほか、情報共有やビジネスマッチングの場としての役割も期待されており、2020（令和2）年4月時点での会員数は100団体を超えています。

イ　木材利用促進事業　補助制度

森林環境譲与税を活用した民間建築物への木材利用促進策として、多くの市民が利用する施設や店舗等において、木質化等により木

表２　木材利用促進事業補助制度の概要

制度の概要

■対象事業

施設**内装・外装の木質化、什器**等の整備

■対象施設

市内の不特定多数が利用する施設、店舗
（駅舎、病院、大規模商業共用部など）

■補助金額

対象事業費の**２分の１、上限250万円**※

※年間10万人以上が利用し、特に効果が大きいものは上限500万円

補助件数は３～４件程度

■諸条件

木材利用量の基準は設けず、以下の内容に加え施設の用途等や利用人数等を含めて審査会にて総合的に判断

・木材の産地は**主に国産材**とする**木の良さを十分にPRできる施設**
・木材が目立つ形で使用されていること
・市の木材利用促進施策に協力すること　　等

材を効果的に活用・ＰＲする取り組みに対し、木材利用に係る費用の一部を支援する制度を２０１９（令和元）年度に創設しました。制度の概要は以下のとおりです（表２参照）。

２０１９（令和元）年度は、商業施設のフードコート改修において、ＣＬＴ材を使ったテーブル等を制作した事例のほか、ファーストフードチェーンの店舗において外部仕上げ材等に木ルーバー材を使用した事例に対して補助を行いました。いずれも多くの市民に対し木材の良さをＰＲできるよう工夫をしています。

今後も引き続き、民間施設の木質化

を支援することにより、市民が木材の良さに触れることができる機会を増やしていくこととしています。

ウ　木材利用相談窓口

森林環境譲与税を活用した新たな取り組みの２つ目として、木材利用に関する潜在的な需要開拓やビジネスマッチングの機会創出等を目的とした相談窓口を２０１９（令和元）年12月に開設しました（図３参照）。今回開設した相談窓口は、市内事業者が木材利用アドバイザーとなり、市民等から木材利用に関するあらゆる相談を幅広く受けるもので、需要拡大とともに、相談内容をフォーラム会員等に展開することにより、ビジネスマッチングにつながることを期待しているものです。

現在までに設計士や事業者から施工場所に応じた木材の種別に関する相談の事例等がありますが、まだ認知度が低く、広報等を行いながら相談事例を増やし目指す形に近づけていきたいところです。

相談窓口概要

■**設置場所**

（一社）神奈川県建築士事務所協会

■**相談料金**

無料

（ただし、同一案件について2回目以降は、相談の内容により、有料になる場合（専門的な事業のご相談等）有）

■**対象者**

一般市民や設計事務所・工務店など、川崎市内で木材利用を検討している者

■**相談窓口連絡先**

○電話の場合

044－272－6001

○専用ホームページの場合

https://www.j-kana.or.jp/kawasaki/mokuzai/index.html

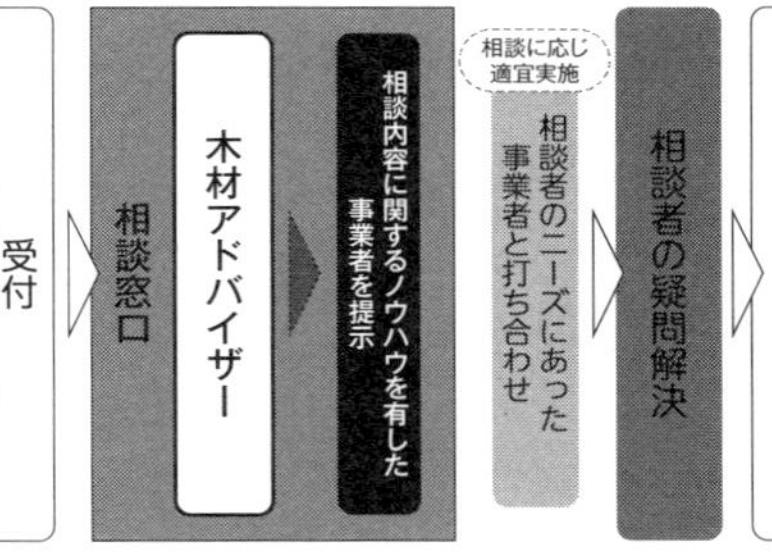

図３　木材利用相談窓口の概要

地方創生に向けた連携

木材産地や林野庁、首都圏の自治体など行政団体を通じた地方との連携を進めています。

ア　宮崎県との協定の締結

スギの生産量が日本一である宮崎県と本市は、互いの持つ資源や特性、強みを活かしながら連携・協力することとし、基本協定を２０１４（平成26）年度に締結しました。

この基本協定に基づく木材関連の取り組みとして、基調講演や交流会及び視察の実施のほか、宮崎県の「スギ利活用検討委員会」が本市の小学校増築校舎を事例として実施した構造種別によるコスト比較結果を、本市の小規模施設の木造化につなげた事例や、市民向けの木育イベントへの宮崎県による講師派遣協力など、宮崎県の技術力や本市の消費ポテンシャルを活かした連携を実施しています。

イ　視察等の実施

宮崎県のほかに、フォーラムオブザーバーである秋田県や浜松市と連携して、フォーラム会員向けの現地視察ツアーを実施し、林業の現場や加工工場、木材利用の先進事例などを視察し、地域材に関する知識の向上や地元企業とのビジネスマッチングにつなげたほか、愛媛県、和歌山県、三重県、栃木県、山梨県、沖縄県や高知県などの木材産地が、フォーラムにオブザーバーとして参加し、定期的な情報共有や今後の連携について意見交換を行っています。

ウ　九都県市との連携

国産木材の利用を一層促していくには、消費地である首都圏全体で国産木材の利用促進に取り組んでいく必要があるという考えから、２０１８（平成30）年11月の第74回九都県市首脳会議（＊）において、川崎市長が首都圏における木材利用促進に向け検討することを提案し、１年間の検討を経て、２０１９（令和元）年11月開催の第76回同会議にて、以下の３つの検討結果を報告しました。

①各自治体が実情に合わせながら木材の使用量等を数値目標として定めていく
②九都県市で連携してイベントを実施する
③情報共有や意見交換の場を新たに設置し、これまで以上に連携を図っていく

特に③について、フォーラム内に行政部会として２０２０（令和２）年度に設置する方向で

検討を進めており、将来的には、参加を希望する全国の自治体が幅広く参加できる部会としていく予定です。

＊九都県市首脳会議：九都県市（埼玉県、千葉県、東京都、神奈川県、横浜市、川崎市、千葉市、さいたま市、相模原市）の知事・市長で構成される地域の広域的な課題について取り組む会議。

木の良さを伝える取り組み

木材利用の促進においては、エンドユーザーに木の良さを知ってもらい、木に関心をもってもらうことが重要であることから、公共空間を活用し、木をテーマとした普及啓発イベント「川崎駅前　優しい木のひろば」を２０１９（令和元）年10月に実施しました。木への関心がない人も気軽に参加できるよう、常時から通行量の多い川崎駅北口通路等を会場とし、当日は、都県市及びフォーラム会員など、12団体がブースを出展し、約３５００人が立ち寄る大規模なイベントとなりました。

来場者からは「木の感触や香り、やわらかさを子供が体感できた」などの意見が多数あり、参加者に楽しんでもらいながら、木の良さを伝えることができました。また、出展者からは「関

木をテーマとした普及啓発イベント「川崎駅前　優しい木のひろば」を開催

心の低い一般市民に、木の良さを啓発できて、極めて意義が高いと感じた」などの意見が寄せられました。今後はさらに連携範囲を拡大して継続的に実施していく予定です。

見えてきた課題と今後の展望

ア　需要拡大への課題

これまで様々な木材利用促進の取り組みを行ってきましたが、木材の需要の拡大が進んでいるとまで言える状況ではありません。価格もまだ他の材料と比較しても割高な印象は拭えないため、価格に見合う木の効果を伝えていく必要があります。木材は暖かい、いい香りがするなどの良い印象を持っており、木材利用がＳＤＧｓへの貢献やＣＳＲ推進に有効と考えている事業主は少なくないですが、木材利用の裾野を広げるためには、より価格のメリットや数値化されたエビデンスなどの具体的な価値を示していく必要があります。例えば、ＣＬＴ材をはじめとした木材利用による工期短縮による工事費圧縮や、ライフサイクルを通してのコスト比較、店舗での滞在時間の変化など、投資へのメリットにつなげるエビデンスの収集・周知を行い、木材を使うきっかけを増やしていきたいと考えています。

イ　地方創生につながる具体的な取り組み

木材産地では、地元の生産量が消費量を大きく上回っていることから、都市部の消費地で地元材をアピールする機会を求めており、今後より一層その傾向は活発になることが想定されます。本市としては、様々な自治体に地元材をＰＲする場を提供することで、市民が木に触れる機会が増加し、地域産材の需要拡大につながることを期待しているところです。また、アピールの場だけでなく直接消費に結びつくような取り組みも必要と考えており、木材産地のニーズを把握しながら、地方を知ってもらう取り組みを並行して行っていく必要があると考えています。

「都市の森」構築を目指して

木材はあくまでも自然材料であり、長所もあればもちろん短所もあります。近年の技術革新や法整備で、木造で建てることができないものがなくなりつつあります。森林のほとんどない本市としては、木材の良さを最大限活かしながら、本市の地域性や立地を踏まえて適材適所で活用を促進していく必要があります。さらには、木をきっかけに、林産地の魅力を市民に発信し、地方創生に貢献したいと考えています。将来的には身近な様々な場所で木を感じることができる「都市の森」構築を目指して、今後も取り組みを展開していくこととしています。

静岡県静岡市

木材利用・普及啓発──オクシズ材で商業施設を木質化

森林環境譲与税を活用した地域材活用による地域振興

静岡県静岡市中山間地振興課森林・林業係主任主事
香西（こうざい）　晟（あきら）

南アルプスから海岸林まで広大で多様な森林構成

静岡市は静岡県のほぼ中央に位置し、北は南アルプスの３０００ｍ級の山岳地帯を背景に、南は駿河湾を臨み、安倍川流域、興津川流域、大井川上流地域を包括しています。

本市の総面積は14万１１８３haで、そのうち森林面積は10万７２１７ha（民有林10万２９７３ha、国有林４２４４ha）と、総面積の約76％を占めています。森林は、林業生産活動が積極的に実施されるべき人工林帯をはじめ、南アルプス国立公園の３０００ｍ級の山々から続く天然性の樹林帯や、地域住民の生活に密着した里山林、さらには観光名所ともなっている海岸林と、変化に富んだ林分構成になっています。

民有林面積は10万２９７３ha、このうちヒノキをはじめとする人工林は４万５６０６haで、人工林率44％、天然林率49％です。また、人工林のうち、36年生以上の利用可能な林分が４万２８４１haで94％を占め、そのうち標準伐期齢（45年生以上）を超えた林分が86％あり、資源として十分成熟している状況で、今後、木材の利用拡大が重要です。しかし、林業を取り巻く環境は材価の低迷など、依然として厳しい状況にあります。

そのため、本市では、計画的な間伐、保育等をはじめ、その基盤となる路網の整備、さらには森林組合や林業経営体、後継者の育成などを進め、低コストでの林業経営を目指し、関連施策の積極的活用を図りながら、持続可能な森林経営と地域の実情に応じた森林整備を推進しています。

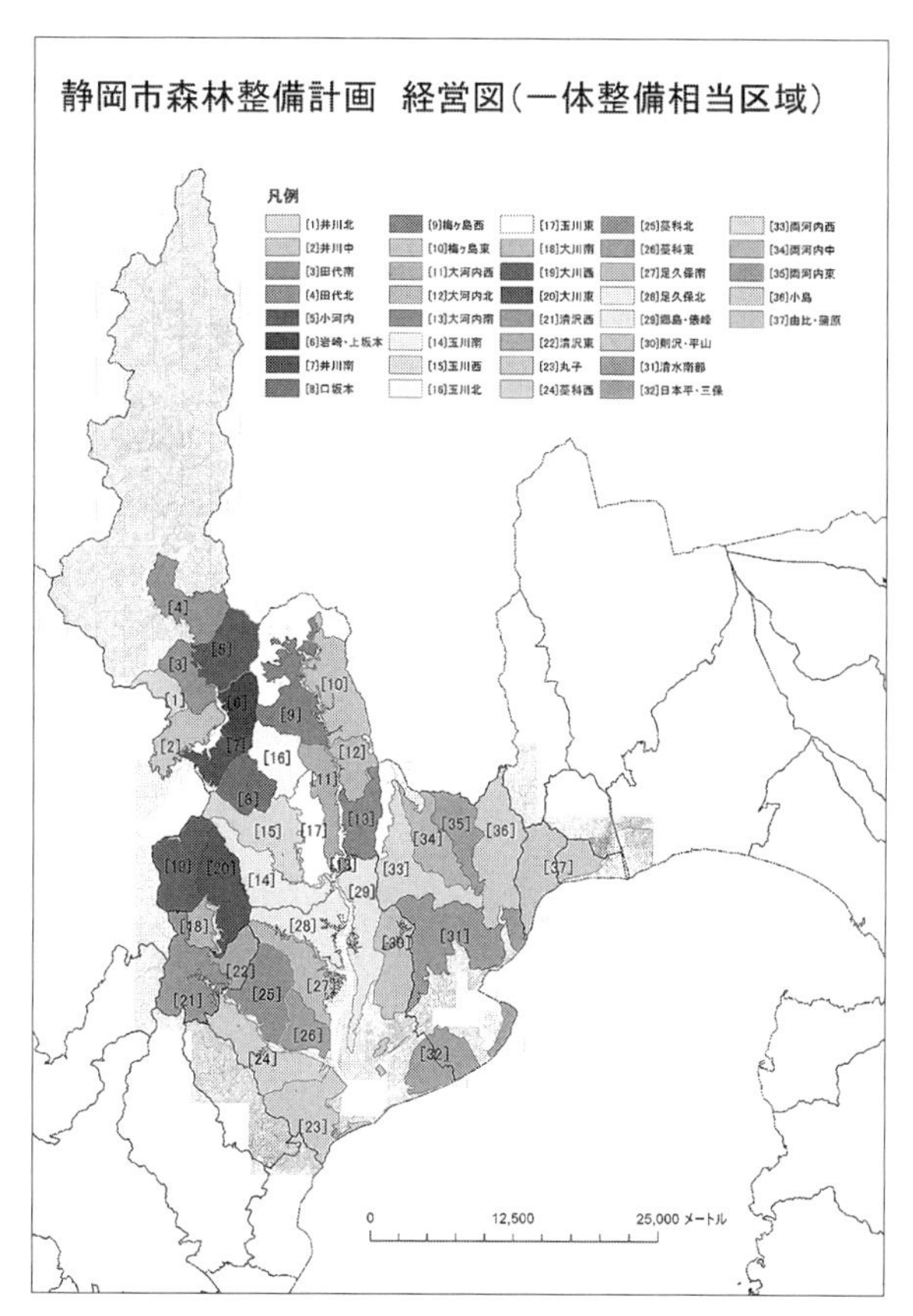

図　静岡市　一体整備相当地域

静岡産木材（オクシズ材）の需要拡大

また、森林には、水源の涵養、山地災害の防止、地球温暖化の防止など、様々な公益的機能があります。本市ではこれらの機能を持つ森林を市民の共有財産であると考え、１９９（平成11）年度に「静岡市森林環境基金」を創設し、この森林を健全な姿に保ち、次の世代に伝えていくため、様々な取り組みを実施しています。

緑豊かで健全な本市の森林を造成するためには、適正な森林の管理・保全と、そこから生産される地域材の有効利用と需要拡大が重要であるとともに、生産過程で排出される製材廃材等の処理と利活用が循環型社会の形成、持続可能な森林経営の実現を図る上で大きな課題となっています。

そこで本市では、「静岡市公共建築物等における市産材等木材利用促進に関する基本方針」に基づき、森林整備を通じて供給される地域材の利用促進を目的として、公共建築物等の木造化、木質化を積極的に進め、木造住宅を建築する者に対しても、静岡市産木材（オクシズ材）の構造材や内装材を提供するなどの事業を実施しています。さらに商業施設へ建築用材等を提供することにより、需要の拡大とオクシズ材の知名度拡大を図るとともに、林地残材等の木質バイオマスへの利活用を促進しています。

川上での森林環境譲与税活用―森林整備、普及啓発

本市では、森林環境譲与税を活用し、森林整備などいわゆる「川上」における事業に加え、木材活用など「川下」における事業の両輪で、適切な森林整備や人材育成、林業の普及啓発を実施しています。

川上においては、森林経営管理法に基づく間伐などの森林整備、植林・間伐等を対象とした造林補助事業、林道開設や改良などの林道整備に係る事業などを主軸に実施しており、併せて、労働災害防止を目的とした安全対策につながる伐採作業などの資格の取得補助、担い手育成を目的とした森林環境教育などの普及啓発事業も行っています。

本市では、１９９９（平成11）年度より、静岡市森林環境基金を毎年３億円程度取り崩しながら間伐や林道・作業道開設などの森林整備事業を実施してきましたが、市域の約76％を占める広大な森林は所有者が不明な箇所や急峻な地形も多く、施業の集約化や林道等の整備も未だ十分ではありません。森林の有する多面的機能を総合的かつ高度に発揮させるため、森林環境

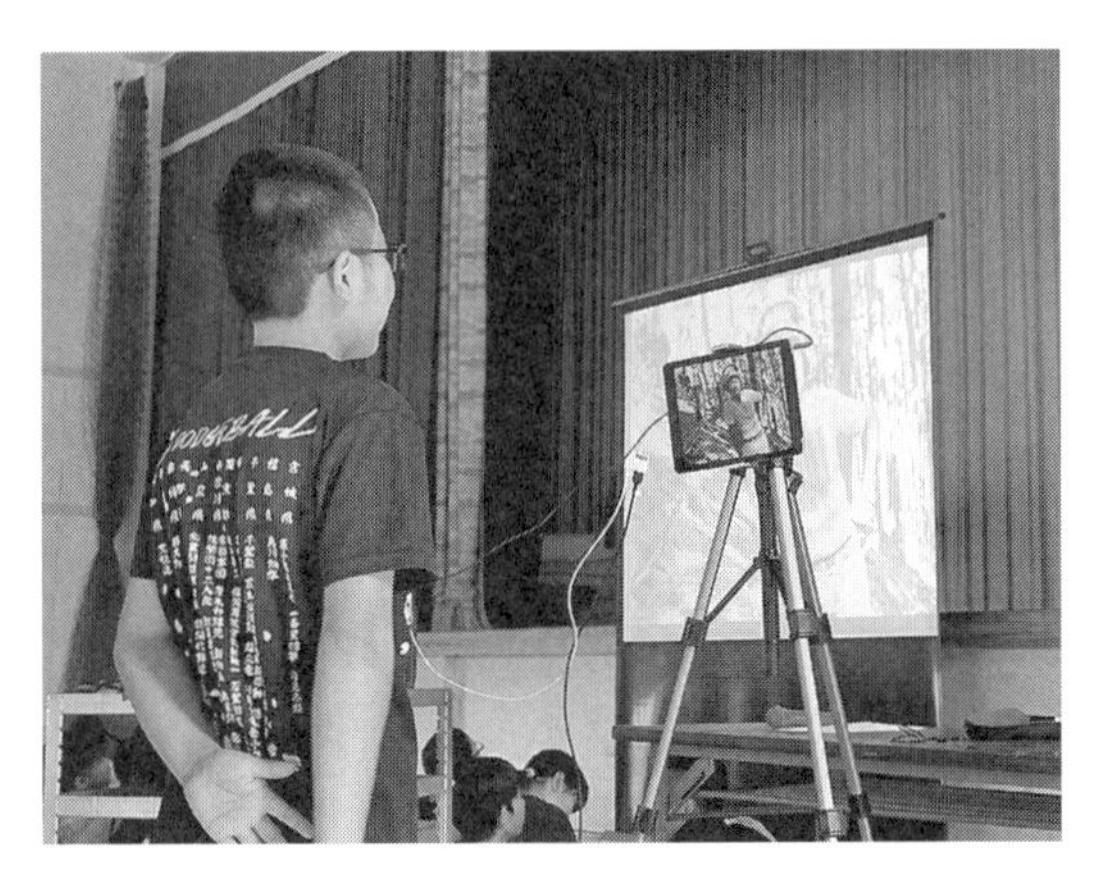

ICT を活用して、市内の小学校と現場を双方向でつなぐオクシズ森林の教室

譲与税を活用し、これまでの事業を継続・拡充しながら効果的な森林整備を促進しています。

普及啓発事業においては、専門家との森林散策を通じて森林の重要性を学ぶ森林教室や、市内小学校において、ＩＣＴを活用し、まちと森をリアルタイムでつないで行うオクシズ森林の教室（林業編、製材・ものづくり編）を実施しています。オクシズ森林の教室では、環境教育やキャリア形成の支援を目的として、インターネットを利用したビデオ通話で林業・製材業等の現場と教室が双方向につながり、現場の迫力を教室にいながら体感していただいています。

２０１９（令和元）年度は11校、延べ９００人が参加しており、林業や製材業、建築業等を知らない児童に森林整備の重要性を伝えるとともに、市内で活躍する若手林業家等との直接的な対話により、森林の持つ役割への理解を深めることで、将来の担い手確保や木材利用に前向きな人材の育成を図っています。

川下での森林環境譲与税活用―オクシズ材の商業施設での利用促進

川下においては、オクシズ材の利用促進のため、住宅以外の施設に対して、柱や床材等の建築用の木材を補助する「静岡ぬくもり空間推進事業」を実施しています。これまで保育園等を対象としてきましたが、2019（令和元）年度からは、森林環境譲与税を活用し、「商業施設」を新たに加え、制度の拡充を図りました。

昨年（2019（令和元）年）7月には、この制度を利用した第1号店となる「しずおか魚市場直営店」がJR静岡駅にオープンし、店舗内装やテーブル、カウンター等にオクシズ材を使用することで、多くの人の目に触れる機会が創出され、大変好評をいただきました。

また、森林環境譲与税を活用した事業ではありませんが、昨年8月、市役所の静岡庁舎3階にオープンした食堂「茶木魚（ちゃきっと）」において、イスやテーブル、床、壁等にスギやヒノキのオクシズ材をふんだんに使用した、オクシズ材の魅力や木のぬくもりあふれる空間づくりを行いました。

首都圏へオクシズ材をPR

今後のオクシズ材の普及には、まちなかに暮らす人々が木の持つぬくもりに触れ、その良さを身近に感じられるよう、公共的空間の木質化のさらなる拡充が不可欠で、市内はもとより大消費地である首都圏等においても利用拡大を図っていく必要があります。そこで、2019（令

オクシズ材利用商業施設「とんかつ不知火」

オクシズ材利用商業施設「しずおか魚市場直営店」

静岡市役所３階食堂「茶木魚（ちゃきっと）」

新静岡セノバ地下連絡口デジタルサイネージ

選手村ビレッジプラザ提供木材出発式

和元）年9月には東京２０２０オリンピック・パラリンピック競技大会で使用される選手村「ビレッジプラザ」へオクシズ材を提供するなど、利用拡大に向けたＰＲに努めています。また、同11月には、東京都港区の協力を得て、港区内の建築物等に国産木材の使用を促す「みなとモデル二酸化炭素固定認証制度」に登録している全国約３２０社の木材利用関係業者へ、商業施設でオクシズ材を利用した場合に、補助制度を利用できることも周知しました。当事業は、対象施設に利用する木材の2分の1（最大１００万円）を提供するもので、オクシズ材のＰＲにつながると認められる施設であれば、全国各地でご活用いただけるような制度です。

当面の課題と今後の方針

広大な森林を持ち、そこから産出される木材の消費地でもある本市は、森林の多面的機能が高度に発揮されることによる「市民が豊かな生活を享受できるまち」を目指し、①環境林と経済林のメリハリの利いた「山づくり」、②森林に親しみ、木を使う文化を継承する「人づくり」、③木のぬくもりが感じられるおしゃれな「まちづくり」を進めています。

林業経営に適さない森林の管理適正化や、林業の後継者不足、利用期を迎えた木材の生産性向上及び利活用、非住宅分野での木材需要拡大など、様々な問題を抱える今、こうした課題の解決には、木材の地産地消だけではなく自治体間や民間企業との連携による木材活用が不可欠です。

森林の少ない都市部の自治体では、国産木材の活用事業に森林環境譲与税が充当されています。公共施設の整備や小学校等の木製備品の購入などを視野に入れ、まとまった資金が集まるまで基金に積み立てする自治体も多いようです。

本市では、木材利用促進事業として、前述した全国の商業施設におけるオクシズ材利用補助に加え、今年度（２０２０（令和２）年度）より、全国的に注目を集めている「木育」に焦点を当て、森林環境税の負担者である国民に木材を届けられるよう、オクシズ材を利用した木製遊具や玩具の開発を実施しております。

開発した試作品のモニタリング調査などを通じて都市部の自治体と連携し、将来的には森林環境譲与税を活用して木製品を購入していただくことで、保育園やこども園、ショッピングセンターのキッズスペースなど、日常の様々な場面で木材に触れ、森林環境保全の大切さを伝える機会を創出します。

森林環境譲与税の導入に伴い、適切な森林管理の責務が明確化され、管理を行う森林所有者への意向調査や森林経営管理法に基づく森林整備がクローズアップされがちですが、森林・林業の循環には産出された木材の出口を開拓する事業も同じく重要です。今後も、林業・木材業界と連携しながら、市内はもとより市外へもオクシズ材の需要拡大を図るとともに、森林を市民共有の財産として次世代に引き継ぐため、「川上」と「川下」の両面から森林環境譲与税を活用していく方針です。

岩手県西和賀町

普及啓発――小中学校の授業における森林環境教育

森林環境譲与税を活用した地域林業の人材を育む

岩手県西和賀町林業振興課課長代理
吉田　祐康

町の地域資源である広大な森林を活かす林業政策

西和賀町は、東北は奥羽山脈の山懐に位置し、広大な森林面積を有する豊かな自然に囲まれた地域です。町の豊かな森林は貴重な地域資源です。先人が植えて育てた人工林は、他の地域と同様に成熟期を迎えつつあり、またブナやナラ等の天然林も多く、この資源を有効活用することが望まれています。

町では、その資源を活用しつつ、森林整備を促進するため、町内林業事業体の育成に努めるほか、小規模な林業である自伐型林業の導入や、木質バイオマスの利用（町立病院へのチップボイラーの導入や家庭での薪ストーブ利用の推奨等）を進めています。近年は、材価の低迷や生活様式の変化等様々な理由から、自分が所有する森林にさえ目を向けることが少なくなり、このことが森林整備の遅れや林業従事者の減少につながっています。

そこで、町はこれまでの取り組みも進めながら、今回新しく創設された森林環境譲与税を活用し、自分が所有する森林に目を向けてもらうことで、私有林の森林整備を進めるほか、将来を担う子供たちが森林・林業に興味を持ち、将来の職業の選択肢にするよう新たな事業を実施することにしました。

1つは、私有林の森林整備を進めるため、新たに雇用した地域林政アドバイザーと地域の林業事業体と町が連携し、町の森林の状況を把握するとともに、森林所有者に対する意向調査の準備を進めていくものです。同時に、町が単独で私有林整備に対する各種補助金を創設し、自分が所有する森林の整備をしようという意欲の向上に努めます。

もう1つは、地域の林業の担い手となる人材を育むため、外部講師と学校と町が連携し、小中学校の授業において森林環境教育に取り組むものです。では、もう少し具体的に事業の内容を説明したいと思います。

森林環境譲与税の活用―私有林の森林整備

前述の2つの取り組みについて紹介します。まず、私有林の森林整備を促進するための事業です。町内私有林の状況を把握するため、森林カルテ作成事業を実施しています。

この事業は、地域の林業事業体に委託しています。また、新たに地域林政アドバイザーを雇用し、助言をもらっています。地域林政アドバイザーと地域の林業事業体と町が綿密に打ち合わせをし、森林整備を実施していく上で必要なことや困難なことについて情報を共有しながら、カルテ候補地の選定とカルテの作成まで一体となって進めています。このデータを基に、集約化の可能な森林と、これに該当しない森林の把握、そして森林整備を進める上で必要となる林内路網等をはじめとする生産基盤の状況を確認します。

また、並行して森林所有者に対して、所有森林の今後の方針を確認するためのアンケート調査を実施します。このアンケートデータと森林カルテを基に、国県の補助事業に該当する私有林については、従来どおり、国県の補助金を活用し森林整備を進めます。これに該当しない森林で、かつ森林整備が可能な森林については、町が別途創設する補助事業を活用した森林整備を提案していくこととなります。

森林環境譲与税の活用―森林環境教育

もう1つは、地域林業の担い手となる人材を育むための森林環境教育です。

最近は、インターネット等で多くの情報を得られるため、多様な職業選択が可能ですが、実際に選択した職業のことを事前に学校で経験したり学んだりする機会は少ないと思います。経験したことや学んだことに基づいた職業選択も必要ではないでしょうか。

自分が生まれ育った町の資源を活用できる職業を選んでもらう動機づけとして、また減少傾向にある地域林業の担い手を将来的に確保するため、町内の小中学校の授業の一部に森林環境教育を組み入れることとしました。町内の小中学校は、すべて町立で、湯田と沢内に小中それぞれ1校ずつ計4校あり、生徒数は両小学校がともに約80名、両中学校がともに約50名です。

町が授業における森林環境教育の取り組みを始めたのは２０１９（令和元）年度からですが、事前準備として、前年度のうちに、町から外部講師と町内小中学校に事業内容を説明しました。

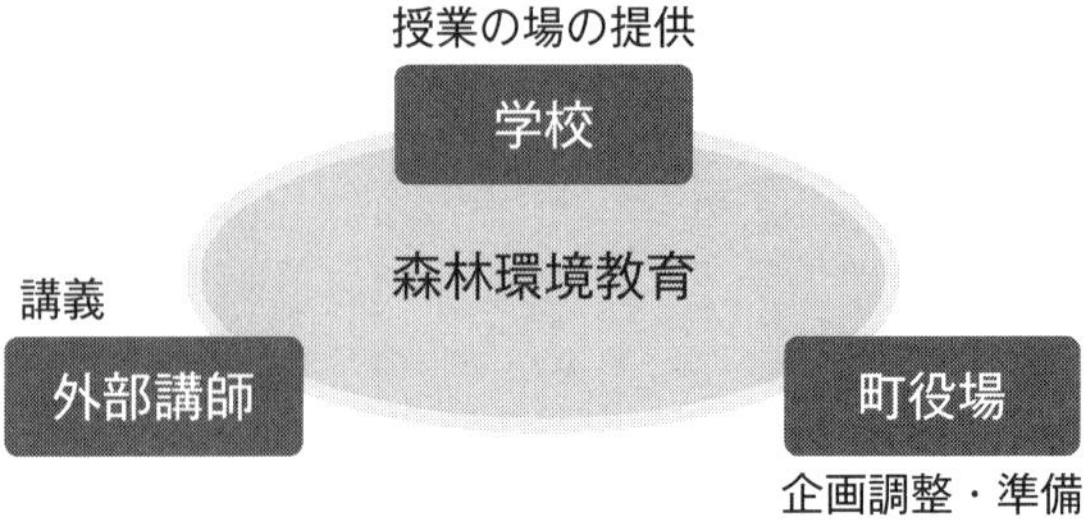

授業の場の提供
学校
森林環境教育
講義
外部講師
町役場
企画調整・準備

図　森林環境教育の事業スキーム

特に、小中学校の先生方が森林環境教育に対してどのように感じるのか、どうすれば町の考えを正確に伝えることができるのか心配でしたが、幸い、趣旨を理解してもらうことができ、森林環境教育を実施することになりました。

4校を対象とした森林環境教育―座学

新年度（2020（令和2）年度）になり新体制となった小中学校に、再度、町から説明に伺いました。町として子供たちに伝えたい内容と、学校側の考えについて、授業内容や進め方の擦り合わせが重要となります。授業を担当するのは、町が派遣する外部講師ですが、子供たちがわかりやすく興味を持つような授業をするためにも、担任の先生からのアドバイスや意見は欠かせません。授業時間は連続した2単位を基本としましたが、1単位ずつ別の日に設定した学校もありま

座学風景（沢内中学校）

した。授業内容は、１単位目は座学とし、２単位目を木に触れる作業としました。

４小中学校で６月と７月と９月に授業を実施しました。

座学では、パワーポイントを使用し、小学校と中学校それぞれに適した内容としました。小学校の座学は、「Q. 西和賀町の木は？」「Q. 木が育つには何がいるの？」「Q. 植えた木が大きくなるまでに人間がすることは？」「Q. 木で作られているものは？」「Q. 薪ストーブや燃料の薪について」等、クイズ形式としました。学習で感じたことや、疑問に思ったことについて、その後授業を継続し、学習を深めた学校もあり、授業当日だけでは見えてこない学習効果もありました。

中学校の座学は、「西和賀町の概要」「森の働きと役割」「木を活用してきた西和賀町の歴史」「先祖の木に対する思い」「森林活用を推進する西和賀町の取り組み」「再生可能エネルギーとしての価値と活用の意義」「地球温暖化防止」等について講義形式で行いました。

4小中学校共通して、座学の終了時に、児童生徒から質問や意見を聞き、振り返りの時間としました。「ブナの実はなぜトゲトゲがついているのか?」など、驚くような質問や意見がたくさんあり、子供の豊かな発想力や想像力を感じることができました。

森林環境教育―木に触れる作業

次に、木に触れる作業について紹介します。湯田小学校では、細い角材等の材料をノコギリで切って、釘や木工用ボンドを使い自分の好きな物を作る作業です。この作業は、金槌やノコギリといった危険を伴う道具を使うので、子供たちに道具の使い方を丁寧に説明することと、道具を使用する際の見守りが重要でした。

沢内小学校では、比較的安全な方法によるハンマーを使った薪割りです。児童の中には、丸太を持つのもハンマーを使うのも初めてという子供もいて、最初は上手くできませんでしたが、

木に触れる作業（湯田小学校）

ハンマーを使った薪割り（沢内小学校）

薪が割れた時の感覚が良かったのか、終了時間になっても薪割りを続けたいと言う児童もいました。この授業で作った薪を、例年秋に開催している「なべっこ遠足」という行事で、食材の煮炊きに利用します。森林資源を燃料として利用するところまで体験できたのは、とても良い学習だったと思います。

湯田中学校と沢内中学校では、校舎付近の私有林等でノコギリを使用し、自生している小径木を伐採し、玉切りにする薪づくり作業です。私有林の使用に当たり、地域の森林所有者から温かいご配慮をいただきました。また、子供たちが林内に入ることから、ハチやツタウルシの事前駆除作業と、作業当日の被害防止が重要でした。

作業の前に、伐採作業に必要となる、ノコギリ、ヘルメット、軍手を装着します。伐倒作業の講師から、ノコギリの安全な使い方とその他注意事項を説明し、その後それぞれの班に別れて作業に入りましたが、自生している木を切った経験のある生徒はほとんどいないことと、生木用のノコギリの使用も初めてのため、最初は思うように切ることができませんでした。

残念ながら授業時間の中だけでは、思ったほどの薪の量にはなりませんでしたが、作った薪は、校舎の空きスペースで乾燥させ、町内の道の駅に設置している薪ストーブで利用してもらうこととしています。

ノコギリを使った伐倒（湯田中学校）

限られた時間の中での授業ということもあり、課題や反省点はたくさんありましたが、ぜひ、授業を受けた児童生徒の中から、林業を自分の職業として選択してくれる人が出てきてほしいと考えています。

この事業については、一度きりのイベントではなく、町の子供であれば必ず受ける授業という形で今後も継続的に実施していくことによって、その成果が後に現れてくると考えています。

関係機関に講師を依頼

今回の森林環境教育は、講師として「いわて森林インストラクター会」と、町内の林業有識者の協力で実施しました。今後この事業を継続していくに当たり、町内外を問わず、さらに関係機関や有識者からのアドバイスやご協力をいただきながら進めていく必要があると考えています。特に、子供たちに職業を意識してもらうためにも、森林や木を扱う職業の方々や地域の林業事業体の協力を得たいと考えています。

外部講師と学校と町の連携がカギ

森林環境教育は、その効果がすぐに発揮されるものではありませんが、根気強く継続していくことにより、必ずその成果が現れてくるものと考えています。森林面積が約90%を占める西和賀町において、その資源を有効に活用することは、今後安定した持続性のある収入の確保が見込まれると考えられます。

先人が築いてきた森林資源を無駄にすることなく利用し、また後世に引き継いでいくためにも、地域林業の担い手となる人材を育むことが重要です。

また、近年はライフスタイルが多様化し、地方に関心を持って都市部から移住する方が増えており、そういった方々の協力にも期待したいところです。そういう方々を受け入れる体制づくりには、町も責任を持って当たる必要があります。担い手の自主性を尊重するとともに、地域の林業がやりがいと夢を持てるものとなるようにする必要があります。このことを踏まえ、森林環境教育の中で、森林を活用し生活してきた歴史や、森林・林業の現状、森林整備の効果や必要性、未来に向けた展望について、丁寧に説明し、どうしたら興味を持ってもらえるのか試行錯誤していくことが重要であると考えています。

また、事業を継続するためには、外部講師と学校と町の連携が欠かせません。外部講師によって得意分野が異なることや、各学校の事情が異なることから、意見交換を繰り返し、課題を１つ１つ解決しながら一緒に授業を作っていくことが必要です。

新たな年度を迎え、今年（２０２０（令和２）年）も森林環境教育を実施する予定です。児童生徒との出会いを楽しみにしています。

本書の著者

■解説編

大石　貴久
林野庁森林利用課森林集積推進室

■事例編１

住吉　めぐみ
大阪府千早赤阪村観光・産業振興課

中尾　秀幸
兵庫県養父市産業環境部林業活性化センター主査

長岡　正人
静岡県森林組合連合会環境税推進室室長

■事例編２

後藤　孝
山梨県都留市産業建設部産業課農林振興担当副主査

渡辺　伸也
宮崎県日南市産業経済部水産林政課課長補佐兼林政係長

小野澤　郁佳
福岡県農林水産部林業振興課林業経営係主任技師

■事例編３

塚田　雄也
神奈川県川崎市まちづくり局総務部企画課長

香西（こうざい）　晟（あきら）
静岡県静岡市中山間地振興課森林・林業係主任主事

吉田　祐康
岩手県西和賀町林業振興課課長代理

林業改良普及双書 No.196

森林環境譲与税
市町村の活用戦略

2021年2月5日　初版発行

編　者 —— 全国林業改良普及協会

発行者 —— 中山 聡

発行所 —— 全国林業改良普及協会

〒107-0052 東京都港区赤坂1-9-13 三会堂ビル
電 話　03-3583-8461
FAX　03-3583-8465
注文FAX　03-3584-9126
H P　http://www. ringyou. or. jp/

装　幀 —— 野沢 清子

印刷・製本 — 松尾印刷株式会社

2021, Printed in Japan
ISBN978-4-88138-396-4

一般社団法人 全国林業改良普及協会（全林協）は、会員である都道府県の林業改良普及協会（一部山林協会等含む）と連携・協力して、出版をはじめとした森林・林業に関する情報発信および普及に取り組んでいます。
全林協の月刊「林業新知識」、月刊「現代林業」、単行本は、下記で紹介している協会からも購入いただけます。

http://www.ringyou.or.jp/about/organization.html
〈都道府県の林業改良普及協会（一部山林協会等含む）一覧〉

全林協の図書

林業改良普及双書 No.194
市町村と森林経営管理制度

全国林業改良普及協会 編

2019年4月からスタートした森林経営管理制度。まずは主役になる市町村側がどのように課題を把握・整理し、その具体的な対応策について、段階を追って計画的に円滑に進めていくことがポイントになってきます。

林野庁による解説をはじめ、全国各地で手探りで進められている市町村の実践事例、さらには県の支援事例を掲載。本制度活用の参考としてぜひご活用ください。

新書判　184頁　モノクロ　定価：本体 1,100円＋税

ISBN978-4-88138-383-4

森林経営計画ガイドブック
（令和元年度改訂版）

森林計画研究会 編

森林経営計画の内容と作成方法、各種手続きなどを詳細に解説したガイドブックです。令和元年にスタートした森林経営管理制度に係る変更点を全面にわたって反映させた最新改訂版となっています。

森林経営計画で実際に作成する内容と具体的な記載例から支援措置の受け方に至る森林経営計画のすべてを、図表やイラストを豊富に用いて詳細に解説しています。また、各章に設けたQ&A方式の「実務相談室」では、森林経営計画をたてる人の目線から見た疑問点に丁寧にお答えしています。巻末の資料編には最新の関係法令集を掲載しました。

都道府県・市町村担当者の実務参考書として、また、森林組合、林業事業体、森林所有者など森林経営計画を作成する方々の手引き書として必携の一冊です。

B5判　278頁　定価：本体 3,500円＋税

ISBN 978-4-88138-381-0

全林協の図書

業務で使うQGIS Ver.3 完全使いこなしガイド

喜多 耕一 著

林務行政、林業経営に活かせるQGISの応用事例を豊富に紹介しています。本書で便利なデータ処理、地図化、ファイル作成等について項目別にていねいに解説しています。

本書で学ぶ主な操作解説内容

QGISについて／QGISのインストール／QGISソフトの基本的な操作方法／さまざまな機能をつかった応用事例／長さ、面積を測定・計算する／紙地図をQGISで使う／デジカメ＋GPS同期させ、写真から地図ポイントを作る／小班の属性データと森林簿データを結合する／路網から一定範囲のバッファを作り、重なる小班を切り取る／小班内のシカ目撃情報を集計する／山を3Dで表示する／土砂災害警戒区域内にある福祉施設をカウントする／小班や路網データをGoogleEarthに表示する／CS立体図を作成するなど

Ｂ５判　640頁　オールカラー　定価：本体6,000円＋税

ISBN978-4-88138-378-0

森林経営管理制度ガイドブック —令和元年度版—

森林経営管理制度推進研究会 編

森林経営管理制度に係る事務の手引の解説編を中心に、制度の内容と様式、各種事務手続きなどの運用方法を解説したガイドブックです。「森林経営管理制度のあらまし」編は、事務を進める際の具体的な運用方法の要点をとりまとめた早わかり編となっています。解説編は、林野庁通達の「森林経営管理制度に係る事務の手引」最新版をベースに、補足追記と参考資料、実務相談室を加えてまとめています。各項目に設けた「実務相談室」では、制度担当者の目線から見た疑問点にQ&A方式でお答えしています。また、事務手続に必要な様式集と関係法令集を掲載しました。都道府県、市町村担当者の実務参考書として必携の一冊です。

B5判　370頁　定価：本体3,800円＋税

ISBN 978-4-88138-372-8